Rosa Maria Roselló Sastre

Kopplung physiologischer und verfahrenstechnischer Parameter beim Wachstum und bei der Produktbildung der Rotalge *Porphyridium purpureum*

Kopplung physiologischer und verfahrenstechnischer Parameter beim Wachstum und bei der Produktbildung der Rotalge *Porphyridium purpureum*

von
Rosa Maria Roselló Sastre

Dissertation, Universität Karlsruhe (TH)
Fakultät für Chemieingenieurwesen und Verfahrenstechnik, 2009

Impressum

Karlsruher Institut für Technologie (KIT)
KIT Scientific Publishing
Straße am Forum 2
D-76131 Karlsruhe
www.uvka.de

KIT – Universität des Landes Baden-Württemberg und nationales
Forschungszentrum in der Helmholtz-Gemeinschaft

KIT Scientific Publishing 2010
Print on Demand

ISBN 978-3-86644-473-7

Kopplung physiologischer und verfahrenstechnischer Parameter beim Wachstum und bei der Produktbildung der Rotalge *Porphyridium purpureum*

zur Erlangung des akademischen Grades eines
DOKTORS DER INGENIEURWISSENSCHAFTEN (Dr.-Ing.)

der Fakultät für Chemieingenieurwesen und Verfahrenstechnik der
Universität Fridericiana Karlsruhe (TH)

genehmigte
DISSERTATION

von
Dipl.-Ing. Rosa Maria Roselló Sastre
aus Barcelona

Referent: Prof. Dr.-Ing. Clemens Posten
Korreferent: Prof. Dr. rer. nat. Christoph Syldatk
Tag der mündlichen Prüfung: 17.07.2009

Vorwort

Die vorliegende Arbeit entstand während meiner Tätigkeit als wissenschaftliche Mitarbeiterin am Institut für Bio- und Lebensmitteltechnik, Bereich III: Bioverfahrenstechnik der Universität Karlsruhe (TH), heute als Karlsruher Institut für Technologie (KIT) bekannt, in den Jahren 2004 bis 2008.

Ich freue mich hierdurch Danke an Alle ermitteln zu können, die während dieser Zeit eine Begleitung, Unterstützung und Inspiration waren.

Als Erstes möchte ich Herrn Prof. Dr.-Ing. Clemens Posten dafür danken, dass er mir die Möglichkeit gegeben hat, diese Arbeit in seiner Arbeitsgruppe durchzuführen. Danke für das Vertrauen und die interessante und konstruktive Gespräche, die mir die Möglichkeit gegeben haben, mich weiterzuentwickeln.

Herrn Prof. Dr. rer. nat. Christoph Syldatk danke ich ganz herzlich für die freundliche Übernahme des Korreferats.

Herrn Friedhelm Klingel vom Institut für Mechanische und Verfahrenstechnische Mechanik und die damals promovierenden Herrn Dipl.-Ing. Stefan Pieke und Herrn Dipl.-Ing. Hans Peter Daub vom Lichttechnischen Institut möchte ich für die wertvolle Hilfe und fachliche Unterstützung im Bereich Optik und Lichttechnik danken.

Meine lieben Kollegen der Arbeitsgruppe Bioverfahrenstechnik möchte ich für die tolle Zeit während und außerhalb der Arbeit danken. Vielen Dank für eure Unterstützung. Insbesondere möchte ich Christian Steinweg dafür danken, dass er mich stets schnell und sehr effektiv technisch unterstützt hat. Dank deiner Hilfe und Einsatz ist der Traum von Starklicht wahr geworden.

Danke an allen Studentinnen und Studenten, die im Rahmen ihrer Praktikum-, Studien- und Diplomarbeiten wertvolle Ergebnisse gewonnen haben. Ohne euren Beitrag wäre diese Arbeit nicht möglich gewesen. Sie sind: Deniz Tiltak, Guillaume Moureaux, Evelina Dimitrova, Maria Kostova, Helmut Müller, Eleonora Friess, Katrin

Treier, Sonja Uhl, Daniela Diehl, Mehdi Malekzadeh, Caroline Leipert, Natalie Schnabel und Linda Oeschger.

Laura Bernhardt und Janine Schicketanz möchte ich nicht nur für die Übernahme der grammatikalischen Korrektur meiner Arbeit herzlich danken, aber auch für eure Freundschaft.

Inma Carreras, Anika Ritter, Verena Chawla, Sonja Uhl, Christos Zisis, Logothetis Tzanankakis, euch möchte ich für die schöne Freundschaft danken, die mich vor, während und nach dieser Zeit begleitet.

Liebe Pascale, dir möchte ich ganz besonders danken, dass du für mich da warst als es darauf ankam und mir diesen Weg ermöglichst hast. Danke für die unendliche Unterstützung sowohl beruflich als auch privat und für die tolle Freundschaft, die im Institut entstanden ist. Ich bin sehr stolz, Patin deiner süßen Caroline zu sein.

Als meu pares Rosa i Joaquim, a la meva àvia Ignàsia i a les meves germanes Núria i Mercè vull donar les gràcies de tot cor per l'ajuda i l'amor que he rebut durant aquests anys. Estic tant orgullosa de tots vosaltres! Sou la millor família que un es pugui imaginar.

Αγγελικη και Στεργιο σας ευχαριστω πολυ γιατι απο την πρωτη μερα με αγαπατε σαν δικο σας παιδι. Χαιρομαι τοσο που σας εχω!

Es gibt nichts Schöneres auf der Welt, wie das Gefühl geliebt zu werden und keine Wörter, die meine Gefühle für dich beschreiben könnten. Danke Stavro, dass du immer uneingeschränkt für mich da bist.

Rosa Maria Roselló Sastre

1 Einleitung und Zielsetzung

Die biotechnologische Nutzung von Mikroalgen hat in den letzten Jahrzenten erheblich an Bedeutung gewonnen. Von den schätzungsweise weit über 25.000 existierenden Mikroalgenspezies werden nur wenige tausende Stämme in Sammlungen gehalten. Davon wird die chemische Zusammensetzung von wenigen hunderten Spezies erforscht und gerade mal 15 Stämme werden im industriellen Maßstab kultiviert. In Anbetracht der riesigen Artenvielfalt und der neuesten Entwicklungen in der Gentechnologie, werden Mikroalgen als eine der vielversprechendsten Quellen neuer Produkte und Anwendungen angesehen. Als Produkte der Mikroalgen zählen sowohl die Biomasse selbst als auch die in den Zellen enthaltenen Wertstoffe. Im Jahr 2004 betrug die Jahresproduktion weltweit 5.000 Tonnen Biotrockenmasse mit einem Umsatz von $1,25 \cdot 10^9$ US\$. Der größte Teil der produzierten Biomasse, etwa 75%, wird bis heute als Gesundheitsnahrungsmittel oder Nahrungsergänzung für den Lebensmittelhandel verkauft. Etwa ein Fünftel der produzierten Biomasse - mit zunehmender Tendenz - wird für die Aquakultur und die Tierhaltung verwendet. Der Einsatz von Mikroalgen als biologischer Düngermittel und Pflanzenschutzmittel gewinnt auch stetig an Bedeutung [1; 2; 3].
Feinchemikalien aus Mikroalgen wie Pigmente, Vitamine, ungesättigte Fettsäuren und Polysaccharide (meist aus Makroalgen) werden schon heutzutage kommerziell gewonnen. In der Kosmetikindustrie kommen z.B. Algenextrakte in Gesichts-, Körper- und Haarpflegemitteln vor. Pigmente werden sowohl als natürliche Farbstoffe in der Lebensmittel- und Kosmetikindustrie verwendet als auch als Antikörpermarker in der medizinischen und pharmazeutischen Forschung eingesetzt. Zu den neueren Produkten zählen Toxine (antibakterielle und fungizide Verbindungen) oder stabile Isotope zu Forschungszwecken (Erkennung von Molekülstrukturen) und klinische Untersuchungen. Wirkstoffe zur Bekämpfung von AIDS, Krebs und Schlaganfällen werden folgen [2; 3; 4]. Weiterhin sind Mikroalgen potenzielle Quellen für die Gewinnung von Biokraftstoffen wie Biodiesel, Bioethanol, Biomethan oder Biowasserstoff. Die Biodieselherstellung aus Mikroalgen scheint als einzige die Dieselproduktion aus fossilen Quellen ersetzen zu können [5].
Mikroalgen werden in offenen und geschlossenen Systemen kultiviert. Die weltweite Produktion von Biomasse stammt bis heute aus offenen Systemen, wie künstliche Seen oder offene Becken. Sie zeichnen sich durch niedrige Investitionskosten aus,

da der technische Aufwand gering gehalten werden kann. Die Flächenproduktivität ist jedoch sehr gering, bedingt durch schlechte Lichtverhältnisse und unzureichende Durchmischung. Die Wasser- und CO_2-Verluste sind sehr hoch. Weiterhin erlauben sie nicht ein Wachstum unter kontrollierten sterilen Bedingungen. Das steigende Interesse an der Gewinnung von hochwertigen Produkten aus Mikroalgen für die pharmazeutische und kosmetische Industrie benötigt Anlagen, die reproduzierbare Produktionsbedingungen ermöglichen und für GMP (good manufacture practice) geeignet sind. Diese Anforderungen können nur mit geschlossenen Systemen erfüllt werden. Geschlossene Photobioreaktoren sollen auch zur Gewinnung von Biomasse für Märkte eingesetzt werden, die an niederwertigeren Produkten interessiert sind, wie die Land-, Meerwirtschaft und die Energiebranche. Die Produktivität in geschlossenen Reaktoren liegt etwa eine Zehner Potenz höher als die in den offenen Systemen, aufgrund von höheren Oberfläche/Volumen-Verhältnissen und besserer Durchmischung [6]. Die jetzigen hohen Investitions- und Betriebskosten von geschlossenen Photobioreaktoren müssen dafür gesenkt werden. Ein wichtiger Faktor, der im Photobioreaktordesign berücksichtigt werden muss, ist eine maximale Nutzung der eintreffenden Lichtenergie. Die Produktivität eines Reaktors und damit der wirtschaftliche Erfolg der phototrophen Biotechnologie hängen eng damit zusammen.

Zielsetzung

Eine der Hauptzielsetzungen dieser Arbeit ist ein besseres Verständnis über die Nutzung der Lichtenergie durch die Mikroalgen in Abhängigkeit von den Lichtverhältnissen zu gewinnen. Jeder technischer Reaktor enthält unterschiedlich beleuchtete Volumina. Das an der Reaktoroberfläche eintretende Licht nimmt Aufgrund von Absorption und Streuung durch die Zellen exponentiell ab und ihre Eindringtiefe hängt von der Zellkonzentration ab. Die unvermeidlich auftretenden Lichtgradienten führen zusammen mit der Durchströmung in Produktionsanlagen zu Hell/Dunkel-Zyklen im Bereich von Sekunden bis Millisekunden. Es werden die Auswirkungen der Hell/Dunkel-Zyklen im Sekunden- und vor allem im Millisekundenbereich auf die Stoffwechselaktivität der Mikroalge *Porphyridium purpureum* untersucht, da vermutet wird, mittels flashing-light die Lichtlimitierung unter Dauerbeleuchtung überbrücken zu können. Ein ideal durchleuchteter Photobioreaktor auf Basis von Leuchtdioden wird dafür entwickelt. Die Kultivierungen werden in kontinuierlichem Betrieb unter definierten Bedingungen durchgeführt. Damit wird eine möglichst große Vergleichbarkeit der Ergebnisse erzielt.

Die Mikroalge *Porphyridium purpureum* wird als Forschungsobjekt ausgewählt, zum einem, weil sie in der Literatur gut charakterisiert ist, zum anderem, wegen ihrer großen Bedeutung in der Mikroalgen-Biotechnologie. Sie bildet intrazelluläre Pigmente, hoch ungesättigte Fettsäuren und extrazelluläre sulfatierte Polysaccharide in großen Mengen, die großes kommerzielles Potential aufweisen. Die Anwendungsfelder der Polysaccharide sind sehr breit. Sie werden wegen ihrer kolloidalen Eigenschaften in der Mikrobiologie, Lebensmittel-, Pharma- und Textilindustrie als Geliermittel und Stabilisatoren verwendet. Die nachgewiesen anticancerogene, entzündungshemmende und antivirale Eigenschaften eröffnen ein weiteres Anwendungsfeld in der Medizin und Pharmazie. Außerdem können die Polysaccharide zur Biokraftstoffgewinnung im Energiesektor eingesetzt werden [7; 8; 9; 10; 11; 12]. Es wird ein Verfahren zur kontinuierlichen Abtrennung mit hohen Polysaccharidausbeuten unter sterilen Bedingungen eingeführt. Die Rückwirkung der Polysaccharidkonzentration im Medium auf die Bildungskinetik dieser Biopolymere wird anhand verschiedener Batch-Kultivierungen untersucht. Kenntnisse über die biologische Regelung der Polysaccharide durch die Mikroalge sollen genutzt werden, um zusammen mit einer optimalen Abtrennung einen effizienten Prozess zur Gewinnung dieser wertvollen Makromoleküle in Produktionsanlagen zu etablieren.

2 Grundlagen und Stand der Wissenschaft

2.1 Die Mikroalge *Porphyridium purpureum*

Porphyridium cruentum wurde zum ersten Mal von Naegeli im Jahr 1849 beschrieben. Er nannte die Alge nach ihrer roten Färbung. In der Literatur wird die Alge auch *Porphyridium purpureum* genannt. Beide Namen sind Synonyme für den gleichen Mikroorganismus [13]. In dieser Arbeit wird die aktuellere Bezeichnung *P. purpureum* verwendet.

Die photoautotrophe Mikroalge *Porphyridium purpureum* gehört zur Abteilung der Rhodophyta (Rotalgen). Die Rhodophyta werden, basierend auf der Taxonomie von Gabrielson und Garbary [14], in die Klasse Bangiophyceae und Florideophyceae aufgeteilt. In jeder dieser Klassen werden mehrere Ordnungen unterschieden (siehe [15]). *Porphyridium purpureum* wird in die Klasse Bangiophyceae, Ordnung Porphyridiales, Familie Porphyridiaceae eingeordnet.

Die Gattung *Porphyridium* enthält vier Spezies. Sie unterscheiden sich voneinander durch die Zusammensetzung der Pigmente und somit in der Farbe: *Porphyridium purpureum* (rot), *P. aerugineum* (blaugrün), *P. sordidum* (olivgrün) und *P. griseum* (hellgrau) [13].

Nach der Endosymbiontentheorie stammen die Eukaryota aus einem hypothetischen Urkaryot, der verschiedene prokaryotische Zellen (Promitochondrium, saprotrophen Prokaryot und Cyanobakterien) aufgenommen hat. Die prokariotischen Zellen wurden im Urkaryot inkorporiert und bildeten das Mitochondrium, die Geiseln und die Chloroplasten. Allgemein akzeptiert ist die Ansicht, dass die Rhodophyta aus Mangel an Geißeln zu den ältesten Abstammungslinien der Eukaryota gehören. Ein neuer phylogenetischer Stammbaum wurde nach genetischen Sequenzen in der großen cytoplasmatischen 28 S-rRNA von einer Reihe sehr unterschiedlicher Eukaryota aufgestellt. Die Ergebnisse zeigen, dass Rotalgen eher relativ spät und gleichzeitig mit den Chlorophyta und den vielzelligen Tieren Eumetazoa entstanden sind. Die ursprünglichen Rhodophyta haben wahrscheinlich ihre Geißel sekundär verloren. Fossile Befunde zeigen, dass sie vor 600 Millionen Jahren am Ende des Präkambriums vorhanden waren [15].

2.1.1 Vorkommen

Die genaue Anzahl an Rotalgen ist noch unbekannt. In der Literatur sind bis zu 10.000 Arten von Rotalgen beschrieben. Die Angaben variieren sehr stark zw. 2.500 und 6.000 Arten je nach Autoren. Davon sind etwa 150 Arten aus dem Süßwasser bekannt. Die meisten Rotalgen leben festgeheftet an felsigen Meeresküsten. Die Regionen, in denen sie nachgewiesen werden, erstrecken sich vom Nordatlantik bis Südaustralien [16]. Auf einem unterseeischen Gebirge vor den Bahamas wurden in einer Tiefe von 268 m krustenförmige Rotalgen gefunden. Dies ist die größte Tiefe, in der jemals Algen beobachten wurden. Den Algen stehen dort nur 0,001% der Lichtintensität im Vergleich zu der an der Wasseroberfläche zur Verfügung [17; 18]. Die Spezies der Gattung Porphyridium kommen in Süßwasser, Brackwasser und in Meereswasser vor. *Porphyridium purpureum* wurde sowohl aus Meeresküsten als auch aus feuchter Erde und an Mauern isoliert [19; 20; 21; 22].

2.1.2 Morphologie

Die Zellen der Mikroalge *Porphyridium purpureum* sind unbegeißelt und kugelförmig, mit einem Durchmesser von etwa 4 bis 8 μm. In der Natur kommen die Zellen in Haufen oder in einer gemeinsamen Gallerte vereinigt vor. *Porphyridium purpureum* vermehrt sich asexuell durch Zellteilung. Aus einer Mutterzelle entstehen zwei identische Tochterzellen.

Die Zellwand der Rotalge besteht aus einem fibrillären Teil aus Xylan (Polymer der Xylose), der der Zelle Festigkeit verleiht. Der fibrilläre Teil ist in eine amorphe Fraktion eingebettet. Dieser amorphe Teil der Zellwand besteht aus wasserlöslichen heterogenen Polysacchariden mit veresterten Sulfatgruppen. Der Chloroplast liegt mittig in der Zelle und wird durch eine Doppelmembran nach außen hin abgetrennt. Er hat eine sternförmige Gestalt mit einem Pyrenoid in der Mitte. Es wird angenommen, dass der Hauptbestandteil des Pyrenoids das Enzym Ribulose 1,5-biphosphat Carboxylase/Oxygenase (Rubisco, EC 4.1.1.39) ist. Das Enzym ist für die Kohlenstofffixierung während der Dunkelreaktion zuständig [16].

Im Inneren des Chloroplasten befinden sich die Thylakoide, die etwa 18 - 20 nm dick sind. Die Thylakoide stellen ein eigenständiges Membransystem innerhalb des Chloroplasten dar. Diese Membranen liegen in parallel zur Chloroplastenhülle angeordneten Stapeln vor. Auf den Thylakoiden liegen dicht nebeneinander 30 - 40 nm große halbkugelige Körperchen, die die Phycobiliproteide enthalten und deshalb

Phycobilisome genannt werden. Die Phycobilisomen bilden das Antennen-Klompex-System, das die aufgenommene Lichtenergie sehr effektiv an das Chlorophyll a des Photosystems II in den Thylakoiden weiterleitet. Chlorophyll a und Carotinoide befinden sich in den Lipiddoppelmembranen der Thylakoide. Der Kern liegt seitlich im Inneren der Zelle zwischen Zellwand und Chloroplasten. Er trägt die Erbinformationen. In dem Cytoplasma liegen die restlichen Zellorganellen.

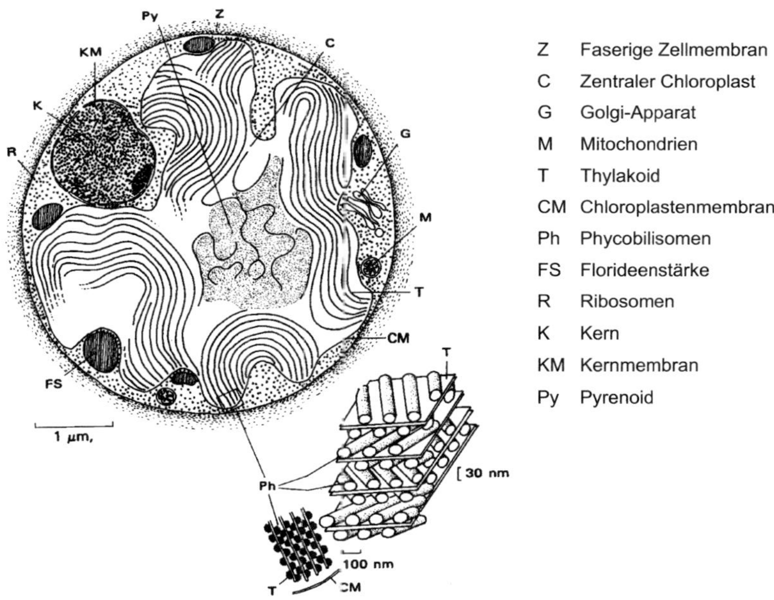

Abb. 2.1. Schematische Darstellung der Struktur der Mikroalge *P. purpureum* [15].

2.1.3 Produkte und ihre Anwendungen

In dem folgenden Abschnitt werden die wichtigsten technisch einsetzbaren Produkte von *Porphyridium purpureum* vorgestellt.

2.1.3.1 Wasserlösliche Polysaccharide

Der amorphe Teil der Zellwand der Mikroalge *Porphyridium purpureum* besteht aus einem Heteropolysaccharid, das die Zelle umhüllt. Es wird im Golgi-Apparat synthetisiert und in diesem Stadium in dieser Arbeit als intrazelluläres Polysaccharid bezeichnet. Durch die Golgi-Vesikel wird es zur Zellwand transportiert. Dort bildet es eine Hülle um die Zelle und wird hier gebundenes Polysaccharid genannt. Die Dicke der Hülle hängt von der Wachstumsphase der Zellen ab. Während des exponentiellen Wachstums ist sie dünn und nimmt während der stationären Wachstumsphase zu [23; 24]. Ein Teil der gebundenen Polysaccharide löst sich im Medium auf, die Viskosität des Mediums nimmt dabei zu. Diese Polysaccharide werden als extrazelluläre oder gelöste Polysaccharide bezeichnet. Alle drei Polysaccharidarten sind chemisch identisch [25].

Die Kenntnisse über die genaue Struktur dieses Polymers sind begrenzt, wegen seiner Komplexität und wegen des Mangels an spezifischen Enzymen, die das Polysaccharid abbauen könnten. Mehrere Autoren haben die Zusammensetzung der Polysaccharide von *Porphyridium purpureum* untersucht [26; 27; 28; 29; 30; 31]. Die Ergebnisse, gewonnen unter Anwendung von chemischer Hydrolyse, Affinität und massenspektrometischen Verfahren, weichen teils stark voneinander ab. In Tabelle 2.1 sind die Bestandteile des Polysaccharids je nach Autoren zusammengestellt.

Tab. 2.1 Zusammensetzung der Polysaccharide von *P. purpureum*; die Anteile der einzelnen Monomeren werden auf Glucose bezogen (nicht kursiv). Massenprozente im Gesamtmolekül sind kursiv dargestellt.

Monosaccharide	Medcalf 1975	Heaney-Kieras 1976	Percival 1979	Geresh 1991	Fleck-Schneider 2004
Xylose	2,5	2,42	3	2,5	2,27
L/D-Galactose	2,25	2,12	2,5	1,8	1,24
Glucose	1	1	1	1	1
Mannose	Spuren	-	-	1,1	0,39
Rhamnose	Spuren	-	-	1	-
Fructose	-	-	-	-	0,09
Glucosamin	-	-	-	-	0,03
3-O-Methylhexose	-	-	0,13	4,8	-
3,4-O-Methylgalactose	-	-	0,13	-	-
Glucuronsäure	*9%*	1,22	0,8	*8 - 10%*	0,15
2-O-Methylglucuronsäure	*0,6%*	2,61	0,2	-	-
Sulfat	*7,4%*	*9%*	*10%*	*7,6%*	-
Protein	*5,6%*	*1,5%*	*5%*	-	-

Die Abweichungen zwischen den einzelnen Eingaben könnten auf unterschiedliche Messverfahren bzw. unterschiedliche Kultivierungsbedingungen bei der Gewinnung der Polysaccharide, die meistens nicht angegeben sind, zurückgeführt werden. Es handelt sich um ein Heteropolysaccharid mit negativer Ladung wegen der Anwesenheit an Glucuronsäure ($-COO^-$) und Sulfatester-Gruppen ($-OSO_3^-$). Die Hauptmonomere, die das Molekül bilden, sind Xylose, L-Galactose (90%), D-Galactose (10%) und D-Glucose. Die Heteropolysaccharide sind eng assoziiert mit Proteinen. In *Porphyridium purpureum* wurde ein nicht kovalent gebundenes Glykoprotein von 66 kDa nachgewiesen. Dank diesem Protein kann das Dinoflagellat *Crypthecodinium cohnii*, ein Jäger der Mikroalge, die Zellen von *Porphyridium* erkennen [32]. Eine mögliche Beteiligung dieses Proteins an der Polysaccharidsynthese wird auch vermutet. Untersuchungen diesbezüglich sind noch nicht veröffentlicht worden [33]. Die Zusammensetzung des Polysaccharids kann sich je nach Kultivierungsbedingungen ändern. Eine Erhöhung an CO_2 in der Zuluft (3% bis 5%) gegenüber Luft (0,03% CO_2) führt zu einer Abnahme des Anteils der Galactose zugunsten der Xylose [34]. Unter Nitrat- und Sulfat-Limitierung nimmt der Gehalt an Glucose und Xylose ab und der Anteil an Galactose und Methylhexosen zu. Eine Zunahme des spezifischen Gehalts des Polysaccharids findet jedoch nicht statt [35; 36].

Das Molekulargewicht der sulfatierten Polysaccharide liegt bei $2,3 \cdot 10^6$ $g \cdot mol^{-1}$ [28]. Die Viskosität des Nährmediums nimmt mit Zunahme der Konzentration an gelösten Polysacchariden zu. Konzentrationen von 0,33 $g \cdot L^{-1}$ weisen Viskositäten von 32 $mPa \cdot s$ auf. Die Viskosität einer vergleichbaren Lösung gleicher Konzentration von κ-Carrageen beträgt 8 $mPa \cdot s$ und im Falle von Xanthan 45 $mPa \cdot s$. Wasser hat dagegen eine Viskosität von 1 $mPa \cdot s$ [26]. Weiterhin sind die Viskositäten von Polysaccharid-lösungen der Mikroalge über einen breiten pH (2 - 9), Temperatur (20°C -130°C) und Salzkonzentrations-Bereich sehr stabil [30; 31; 37]. Aus Messungen der Abhängigkeit der intrinsischen Viskosität von der Ionenstärke der Lösung konnte abgeschätzt werden, dass die Molekülsteifigkeit des Polysaccharids im gleichen Bereich wie die bei Xanthan und DNA liegt [38]. Es wird angenommen, dass die Biopolymerketten in Lösung geordnete Konformationen als Doppel- oder Dreifach-Helix annehmen [37].

Laut Literatur erfüllen die Polysaccharide eine Reihe unterschiedlicher biologischer Funktionen für die Zelle. Sie dienen als Schutz gegen mechanische Beanspruchung, gegen Austrocknung, gegen Sonneneinstrahlung und gegen Virenbefall. Sie sollen auch die Anhaftung und phototaktische Gleitbewegungen der Zellen ermöglichen. Diese Funktionalitäten sind aber nicht direkt belegt [15; 37; 39; 40].

Industriell könnten die Polysaccharide von *Porphyridium purpureum* eine interessante Rolle spielen. So sind Agar und Carrageenan bekannte Polysaccharide von makroskopischen Rotalgen, die seit Jahren industriell gewonnen werden. Sie bilden den amorphen Teil der Zellwand und sind Polymere aus Galactose, die Sulfat-estergruppen tragen. Die Jahresweltproduktionen von Agar und Carrageenan liegen bei etwa 7.000 und 13.000 Tonnen. Sie werden wegen ihrer kolloidalen Eigen-schaften in der Mikrobiologie, Lebensmittel-, Pharma- und Textilindustrie als Geliermittel und Stabilisatoren verwendet [15]. Durch bessere rheologische Eigenschaften des Polysaccharids von *Porphyridium purpureum* gegenüber z.B. Carrageenan und einfacheres Downstream (extrazelluläres Produkt), könnte die Produktion dieser Polysaccharide die des Carrageenans ersetzen. Weiterhin wurden anticancerogene, entzündungshemmende und antivirale Eigenschaften nachgewiesen. Sie eröffnen ein weiteres Anwendungsfeld in der Medizin und Pharmazie [7; 8; 9; 10; 11]. Außerdem können die Polysaccharide zur Biokraftstoffgewinnung im Energiesektor eingesetzt werden [12].

2.1.3.2 Pigmente

Photoautotrophe Mikroorganismen nutzen Licht als Energiequelle und anorganischen Kohlenstoff als C-Quelle, um über die Photosynthese organische Moleküle zu bilden. Der erste Schritt der Photosynthese basiert auf der Absorption von Licht. Diese Aufgabe wird durch die von den Algen gebildeten Pigmente erfüllt. Sie befinden sich in der Zelle eingeordnet in den Thylakoidmembranen der Chloroplasten. Die drei Pigmenthauptgruppen, die in Algen vorkommen, sind Chlorophylle, Carotinoide und Phycobiline. Chlorophylle und Carotinoide sind lipophil Phycobiline dagegen hydrophil [41].

Chlorophyll a

Chlorophylle sind aus einem zyklischen Tetrapyrrol mit einem isozyklischen Fünferring und einem zentralen Magnesiumion (Mg^{+2}) aufgebaut. Diese Moleküle sind nicht kovalent an Proteine gebunden. Je nach Seitengruppen im Tetrapyrrolring werden vier in Algen vorkommende Chlorophyllmoleküle unterschieden: Chlorophyll a, b, c und d [42]. Die Chlorophyllmoleküle in *Porphyridium purpureum* bestehen ausschließlich aus Chlorophyll a (Chl a). Sie bilden das Reaktionszentrum von

Photosystem I (PSI) und Photosystem II (PSII) und dienen als Antennenpigmente von PSI.

<u>Carotinoide</u>

Die Grundbaustruktur der Carotinoiden besteht aus einer ungesättigten Kohlen-wasserstoff-Kette mit 18 Kohlenstoffatomen. An den Enden dieser Kette sind zyklische Verbindungen mit sechs Kohlenstoffatomen gebunden. Von den mehr als 600 in der Natur bekannten Carotinoiden kommen nur ß-Carotin, Zeaxanthin und ß-Cryptoxanthin in *Porphyridium purpureum* vor. Nur dem ß-Carotin kann eine eindeutige Funktion im Photosystem zugeordnet werden. Er ist als Lichtsammelpigment im PSI und möglicherweise auch im PSII aktiv [43]. Auf Grund ihrer speziellen Elektronen-struktur können Carotinoide für die Zelle schädliche Singulett- und Triplett-Anregungsenergien in Wärme umsetzen. Den Carotinoiden wird damit eine wichtige Schutzfunktion bei hohen Lichtintensitäten zugewiesen [42].

<u>Phycobiline</u>

Phycobiline sind ebenfalls Tetrapyrrole, die im Gegensatz zu den Chlorophyllen offenkettig vorliegen und keine Metallionen enthalten. Sie sind kovalent an Proteine gebunden. Die Chromophor-Protein-Komplexe werden als Phycobiliproteide bezeichnet. Drei Phycobiliproteide kommen in *Porphyridium purpureum* vor: Phycoerythrin, Phycocyanin und Allophycocyanin. Sie bilden das Antennensammelsystem (Phycobilisom) von PSII. Phycoerythrin macht 70% des Proteingehalts im Phyco-bilisom aus und verleiht der Mikroalge ihre charakteristische rote Färbung. Der Phycobilisom besteht weiterhin aus ca. 9% Phycocyanin und 5% Allophycocyanin [44]. Die Phycobiline zählen zusammen mit den Carotinoiden zu den akzessorischen Pigmenten der Rotalge.

<u>Absorptionseigenschaften der Pigmente</u>

Die Absorptionsmaxima von Phycoerythrin liegen bei 545 nm und 563 nm. Das rot-blaue Pigment Phycocyanin besitzt Absorptionsmaxima bei 553 nm und 615 nm, das blaue Pigment Allophycocyanin bei 650 nm. Das grüne Chlorophyll a weist Absorptionsmaxima bei 440 und 670 nm auf (siehe Abb. 2.2) [44]. Die Phyco-biliproteide absorbieren Licht in Spektralbereichen, in denen keine Absorption durch Chl a stattfindet. Der gesamte visuelle Anteil des Sonnenlichtes wird dadurch sehr effektiv von der Mikroalge für die Photosynthese genutzt.

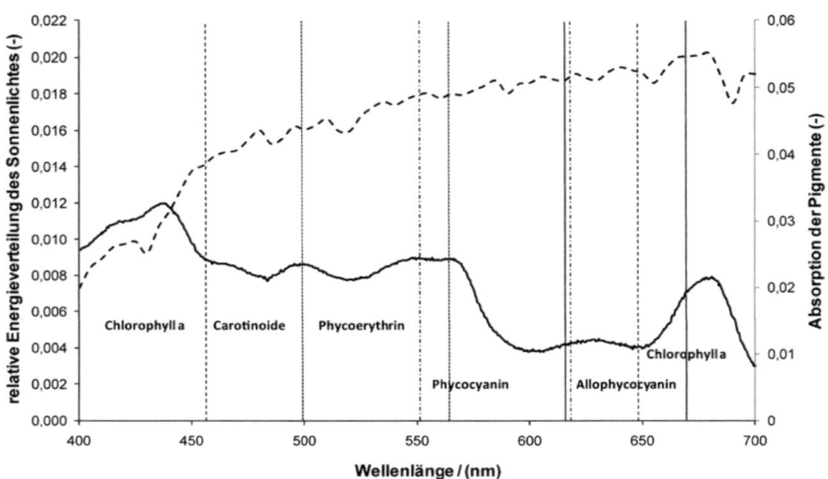

Abb. 2.2. In vivo Absorptionsspektrum der Pigmente von *Porphyridium purpureum* (—) im Vergleich zur relativen Energieverteilung des Sonnenlichts, die auf der Erdoberfläche eintrifft (– –). Das Spektrum wurde auf die gesamte Intensität zwischen 400 nm und 700 nm normiert.

<u>Aufbau der Pigmente in den Photosystemen</u>

Die photosynthetischen Einheiten, zuständig für die Aufnahme und Umwandlung von Lichtenergie in für die Zelle nutzbare chemisch gebundene Energie, werden als Photosysteme bezeichnet. Die zwei Photosysteme PSI und PSII bestehen jeweils aus Reaktionszentren und Antennenkomplexen. Das Reaktionszentrum von PSI ist aus dem Chlorophylldimer P700 aufgebaut, das Antennensytem aus Chlorophyll a Molekülen (etwa 82% des gesamt Chlorophyllgehalts) und ß-Carotin. PSII enthält im Reaktionszentrum zwei Chlorophylle P680. Sie machen zusammen mit P700 weniger als 0,5% des gesamten Chlorophyllgehalts aus. Die Phycobilisomen und wenige Chl a Moleküle (ca. 14% des gesamten Chlorophyllgehalts) dienen als Antenne von PSII [42]. Die Phycobiliproteide sind mittels Linker-Polypeptiden miteinander verknüpft, diese ermöglichen eine optimale räumliche Orientierung der Phycobiliprotein-Chromophoren. In *Porphyridium purpureum* wurden 18 Polypeptide im Phycobilisom mittels SDS-Polyacrylamid-Gelelektrophorese (SDS-PAGE) nachgewiesen. Die Hälfte davon gehören zu den Phycobiliproteiden. Bei den restlichen Polypeptid-Banden wird vermutet, dass es sich um Linker-Polypeptide handelt [45]. Der Aufbau der Phycobilisomen und ihre mögliche Wechselwirkung mit PSI und PSII sind in Abb. 2.3

dargestellt. Die Anordnung der Phycobiliproteide von außen nach innen stimmt mit ihren Anregungsenergien (höher bis niedriger) überein. Es entsteht eine Energietransferkette, bei der das emittierte Fluoreszenzspektrum der äußeren Phycobiliproteide (Donor) mit dem Absorptionsspektrum des nächsten Pigments (Akzeptor) überlappt. Die absorbierte Lichtenergie wird effizient mittels Resonanz-energietransfer (Förster-Resonanztransfer) zum PS II geleitet [42]. Die Übertragungszeit dieses Energietransfers liegt im Nanosekundenbereich, wenn die Abstände zwischen Donor- und Akzeptor-Moleküle bis zur 10 nm groß sind [46]. Im Kern des Phycobilisoms befindet sich ein Endpigment. Es besteht aus ein Polypeptid, das an der Seite des Phycobilisoms mit phycobilinartigen Chromophoren und an der Thylakoidmembran mit Chlorophyll-Chromophoren bindet. Dadurch soll der Anregungsenergietransfer zwischen Phycobilisome und Chlorophyll-Antennen-Komplexe des PSII vermittelt werden [47].

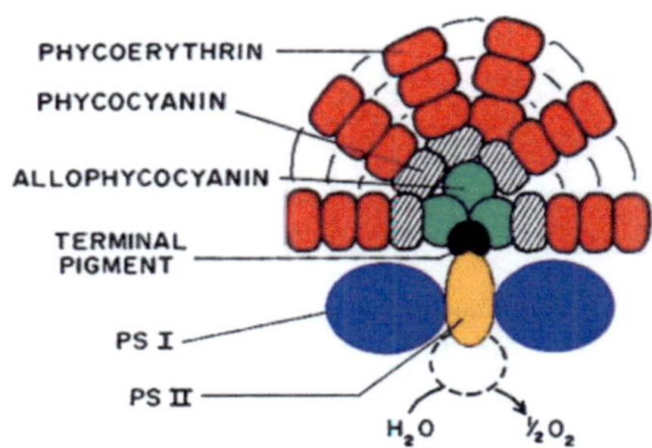

Abb. 2.3. Schematische Darstellung der Anordnung der Phycobilitroteide im Phycobilisom von *Porphyridium purpureum* und ihre angenommene Wechselwirkung mit PSI und PSII [43].

<u>Anwendung</u>

Die Phycobiliproteide Phycoerythrin und Phycocyanin kommen nur in Mikroalgen vor [1]. Großtechnisch werden diese Pigmente aus *Porphyridium* und Cyanobakteren (*Spirulina*) gewonnen. Diese Produkte werden in der Lebensmittel- und Kosmetik-industrie eingesetzt. Sie ersetzen chemisch hergestellte Farbstoffe, die zum Teil unter Verdacht stehen, Krebs zu erregen. Die Firma DaiNippon Ink & Chemicals verkauft Phycocyanin aus *Spirulina* als „Lina blue". 600 Kg werden monatlich produziert und als Farbstoff für Lebensmittel und kosmetische Produkte aus-schließlich in Japan verkauft [1; 2]. Phycoerythrin aus *Porphyridium* dürfte wegen des hohen Bedarfs an unbedenklichen roten Farbstoffen ein noch größeres Merktpotential haben. Das Pigment ist noch nicht für die Anwendung in Lebensmitteln und Kosmetika zugelassen [40; 48]. Dank ihrer fluoreszierenden Eigenschaften werden Phycobiliproteide zunehmend in der medizinischen und pharmazeutischen Forschung als Marker für Antikörper, Rezeptoren und anderer biologischer Moleküle bei der Fluoreszenz-Mikroskopie und in der Diagnostik eingesetzt. Die Preise von Phycobiliprotein-Produkten schwanken zw. 3 - 25 US$/mg für das reine Pigment und bis zu 1.500 US$/mg für Antikörper-Pigment-Komplexe [2].

2.1.3.3 Fettsäuren

Fettsäuren sind unverzweigte Monocarbonsäuren, die aus einer unterschiedlichen Kettenlänge (4-24 C-Atome) und einer Carboxylgruppe bestehen. Sie sind Hauptbestandteil (95%) der Fette und Öle und werden durch ihre Kettenlänge sowie Anzahl und Position ihrer Doppelbindungen unterschieden. Gesättigte Fettsäuren kommen vor allem in tierischen Fetten und Ölen vor und haben einen hohen Anteil an Cholesterin, im Gegensatz dazu enthält die Mehrzahl der pflanzlichen Fette und Öle überwiegend ungesättigte Fettsäuren. Für den menschlichen Organismus sind die hoch ungesättigten Fettsäuren von besonderer Bedeutung, da sie für viele Stoffwechselprozesse benötigt werden, aber nicht vom Organismus synthetisiert werden können. Solche Fettsäuren werden deshalb als essentielle Fettsäuren bezeichnet. *Porphyridium purpureum* enthält die gesättigten Fettsäuren Palmitinsäure (C16:0) und Stearinsäure (C18:0), die einfach gesättigte Ölsäure (C18:1), zweifach ungesättigte Linolsäure (C18:2), die mehrfach ungesättigte Arachidonsäure (C20:4) und Eicospentaensäure (C20:5) [27]. Die cholesterinsenkende Wirkung der mehrfach ungesättigten Fettsäuren ist für die Lebensmittelindustrie besonders interessant. Durch den Zusatz dieser Fettsäuren zu bestimmten Lebensmitteln wird schon bei der Nahrungsaufnahme ein regulierender Einfluss auf den Cholesterinspiegel herbeigeführt [49].

2.2 Stoffwechselaktivität

2.2.1 Photosynthese

Photosynthese, auch CO_2-Assimilation genannt, kann als eine Redox-Reaktion beschrieben werden, die aus den energiearmen, anorganischen Verbindungen Kohlendioxid und Wasser, unter Ausnutzung der Lichtenergie, energiereiche, organische Verbindungen wie Kohlenhydrate, Lipide, Fette und Sauerstoff liefert.

Der Gesamtvorgang kann mit folgender Gleichung beschrieben werden:

$$6\ CO_2\ +\ 12\ H_2O\ \xrightarrow{h \cdot \nu}\ C_6H_{12}O_6\ +\ 6\ H_2O\ +\ 6\ O_2 \qquad (2.1)$$

$$\Delta G' = +\ 2872\ kJ/mol\ Hexose$$

Die Reaktionen der Photosynthese lassen sich in zwei Teilvorgänge gliedern: die Licht- und Dunkelreaktion. Während der Lichtreaktion wird die Lichtenergie in chemische Energie (ATP und Reduktionsäquivalente $NADPH_2$) umgewandelt. Dabei wird Sauerstoff aus Wassermolekülen freigesetzt. Während der Dunkelreaktion, auch Calvin-Zyklus genannt, wird CO_2 in Form von Zucker-Molekülen unter Verbrauch der in der Lichtreaktion gespeicherten Energie fixiert.

2.2.2 Lichtreaktion

Absorbierte Strahlungsenergie wird bei der Photosynthese über verschiedene Photoreaktionen wirksam. Sie laufen in zwei supramolekularen Reaktions-Komplexen der Thylakoidmembran ab: das Photosystem I (PSI) und Photosystem II (PSII). Das Lichtsammlersystem der Photosysteme leitet absorbierte Strahlungs-energie an das Reaktionszentrum weiter. PSI absorbiert Licht bei einer Wellenlänge > 700 nm und das PSII bei < 680 nm. Durch die Absorption einer bestimmten Strahlungsenergie wird das P700 bzw. P680 unter Emission eines energiereichen Elektrons photoangeregt. Das Elektron wird von einem Primärakzeptor übernommen und an eine Elektronentransportkette abgegeben, an deren Ende die Bildung des Reduktionsäquivalents NADP-H $+$ H^+ bzw. des Energieäquivalents Adenosin-Tri-phosphat (ATP) steht.

Das Reaktionszentrum im PSII P680 wird durch Absorption eines Lichtquants zum P680* angeregt, das aufgrund seines stark negativen Potentials (-0,7 bis –0,9 Volt) ein energiereiches Elektron sehr schnell auf den Primärakzeptor Pheophytin a überträgt. Das Elektron wird von dort aus sehr schnell zum Sekundärakzeptor weitergeleitet. Der Elektronenübergang von P680 zum Primärakzeptor verursacht ein Elektronendefizit, das durch den Entzug von P680* eines Elektrons von Tyrosine Tyr_z ausgeglichen wird. Die Neutralisierung von entstandenem Tyr_z^+ erfolgt durch die Hydrolyse von Wasser, bei der Sauerstoff gebildet und ein Elektron freigesetzt wird. Der Elektronenfluss von PSII erfolgt über das Platochinon-Kollektiv (Pq), Cytochrom b_6/f-Komplex und Plastocyanin (Pc) zum Photosystem I (siehe Abb. 2.4).

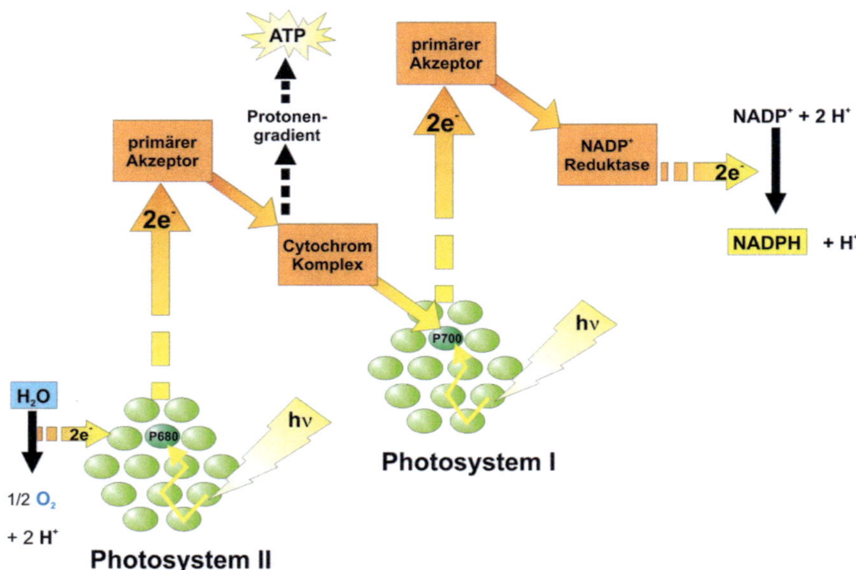

Abb. 2.4. Schematische Darstellung des nichtzyklischen Elektronentransportes während der Lichtreaktion der Photosynthese.#

Der P700-Chl a Komplex wird dadurch und oder durch den Antennenkomplex (Sammelfalle) des eigenen Lichtleitersystems zu P700* angeregt. Dank seines stark negativen Redoxpotentials (-0,9 bis − 1,7 Volt) überträgt er als Primärelektronendonator ein energiereiches Elektron auf den Primärakzeptor A_0, das Kation $P700^+$ wird vom reduzierten Plastocyanin neutralisiert. Im Laufe von weiteren Redox-Reaktionen wird schließlich am Ende der Elektronentransportkette $NADPH_2$ (Nicotinamidadenin-Dinucleotidphosphat) gebildet.

2.2.3 Photophosphorylierung

Neben Reduktionsäquivalenten (NADP-H + H$^+$) werden für die Kohlenhydratsynthese aus Kohlendioxid Energieäquivalente (ADP/ATP) benötigt. Sie entstehen als zweites stabiles Endprodukt der beiden Lichtreaktionen. Die ATP-Synthese wird durch einen elektrochemischen Gradienten getrieben, der sich aus zwei Komponenten zusammensetzt. Zum einem durch den pH-Gradient, der durch den gerichteten Protonentransport durch die Thylakoidmembran aufgebaut wird. Zum anderen durch das elektrische Membranpotential, das sich aus dem Elektronentransport zwischen der Innen- und Außenseite der Thylakoidmembran aufbaut. Beim Ausgleich des elektrochemischen Gradienten durch den Rücktransport der Protonen von innen nach außen wird die freie Energie zur Bildung von ATP aus ADP+P$_i$ durch die ATP-Synthase genutzt [50]. Es wird zwischen zyklischer und nicht zyklischer Photophosphorylierung unterschieden.

<u>Zyklische Photophosphorylierung</u>

Dem energiereichen Elektron, das bei der ersten Lichtreaktion von Ferredoxin übernommen wird, steht zusätzlich zum Reaktionsweg zum NADP$^+$ noch ein Weg offen. Dieser Weg führt es wieder dem P700 zu (zyklischer Elektronenfluss). Das Potentialgefälle der Rückkehr des Elektrons zum P700$^+$ beträgt 1 Volt. Dieser Vorgang wird so mit einer spezifischen Reaktion gekoppelt, dass die freiwerdende Energie teilweise in chemische Energie überführt wird. Dabei wird ADP in ATP überführt.

<u>Nichtzyklische Photophosphorylierung</u>

Das von PSII emittierte energiereiche Elektron kehrt nicht über eine geschlossene Kette von Redoxsystemen zum oxidierten Chlorophyll zurück, sondern reduziert schließlich das NADPH$^+$. Die Potentialdifferenz zwischen dem Primärakzeptor im PSII, dem gebundenen Plastochinon und Cytochinon f ist so groß, dass der freiwerdende Energiebetrag auch hier für die Photophosphorylierung von ADP zu ATP ausreicht [51].

Die Photosysteme PSI und PSII liegen bei *Porphyridium purpureum* nicht getrennt voneinander vor. Rotalgen sind in der Lage, die Anregungsenergie der beiden Photosysteme sehr effizient zu regulieren. Im Zustand 1 (State 1) wird das vom Phycobilisom absorbierte Licht auf PSII übertragen und PSI wird mit der Energie versorgt, die vom Chlorophyll direkt absorbiert worden ist. Im Zustand 2 (State 2) entsteht eine verstärkte Versorgung von PSI mit Anregungsenergie. Diskutiert werden zurzeit drei verschiedene Modelle:

1. Das Phycobilisom bewegt sich von PSII zu PSI (mobile model)
2. PSII strahlt überschüssige Energie ab, die von PSI aufgenommen wird (Spill over model)
3. Das Phycobilisom koppelt von PSII ab und vermindert damit den Absorptionsquerschnitt von PSII. Es kommt nur zu einer relativen Erhöhung der PSI Aktivität.

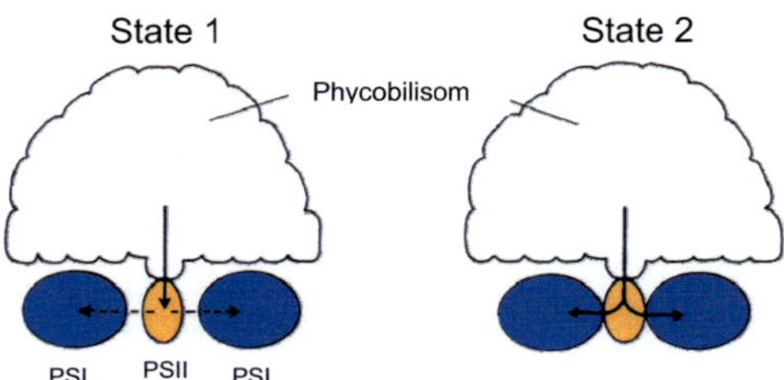

Abb. 2.5. Modell der Mechanismen zur Verteilung der Anregungsenergie zw. PSI und PSII [43].

2.2.4 Dunkelreaktion

Während der Dunkelreaktion wird Zucker durch Reduktion des CO_2 mit Hilfe der beiden Produkte aus der Lichtreaktion (ATP, $NADPH_2$) synthetisiert. Die CO_2 Reduktion erfolgt im Stroma (Matrix) des Chloroplasts in unmittelbarer Nähe der Thylakoiden, dem Ort in dem die oben beschriebenen Lichtreaktionen ablaufen [52]. Der Calvin-Zyklus (siehe Abb. 2.6) beschreibt die einzelnen Schritte der Dunkelreaktion. Dieser Kreisprozess wird in drei Phasen unterteilt:

1. Carboxylierende Phase

In der carboxylierenden Phase wird CO_2 an Ribulose-1,5-Bisphosphat (RuBP) fixiert. Es bildet sich ein instabiles Zwischenprodukt, das aus einem C_6-Körper besteht und unter Wasserverbrauch in Glycerinsäure-3-phosphat (PGS,3-Phosphoglycerat), also in zwei C_3-Körper, gespalten wird.

2. Reduzierende Phase

In der reduzierenden Phase entsteht aus PGS das Glycerinaldehyd-3-Phosphat (GAP), dabei werden ATP und $NADPH_2$ verbraucht. Die entstehenden Produkte ADP und $NADP^+$ werden wieder der Lichtreaktion zugeführt.

3. Regenerierende Phase

Das C_3 Molekül des GAP wird über ein Netzwerk gekoppelter Reaktionen wieder zu RuBP regeneriert. Dabei wird ATP verbraucht. Ein Sechstel der GAP-Moleküle werden aus dem Calvin-Zyklus ausgeschleust und zur Glucosesynthese verwendet Die Bruttogleichung der Dunkelreaktion lautet dann:

$$CO_2 + H_2O + 2\ NADPH_2 + 3\ ATP \rightarrow [CH_2O] + 2\ NADP^+ + 3\ ADP + 3\ P_i \qquad (2.2)$$

Um letztlich ein Molekül Glycerinaldehyd-3-Phosphat zu erzeugen, verbraucht der Zyklus neun ATP- und sechs NADPH-Moleküle, bzw. pro fixiertem CO_2-Molekül zwei NADPH und drei ATP. Diese werden durch die Reaktionsabläufe der Lichtreaktion bereitgestellt. Das Glycerinaldehyd-3-Phosphat, das den Calvin-Zyklus verlässt, dient als Ausgangssubstanz für die Synthese zahlreicher Makromoleküle, die sowohl für den Zellaufbau benötigt werden, als auch als Reservestoffe gespeichert werden [53].

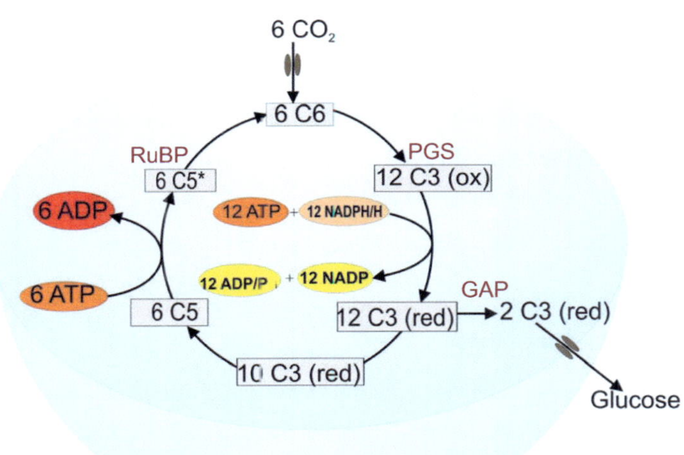

Abb. 2.6. Schematische Darstellung des Calvin-Zyklus.

2.2.5 Photorespiration

Die Photorespiration ist eine lichtabhängige Reaktionsfolge, bei der Produkte und Energie des Calvin-Zykluses verbraucht werden. In diesem Prozess ist Rubisco als Oxygenase tätig und katalysiert die Bildung von Phosphoglykolat aus O_2 und

Ribulose-1,5-Bisphosphat. Wann Rubisco als Oxygenase oder Carboxylase agiert, soll vom O_2/CO_2 Verhältnis abhängen [54].

Der Nutzen der Photorespiration ist noch nicht ganz aufgeklärt. Sicher ist, dass die Photorespiration den Photosynthesewirkungsgrad entscheidend herabsetzt [42; 55; 56; 57]. Literaturangaben zur Folge, soll die Photorespiration eine Art Ventilfunktion haben, die die Zelle in Stresssituationen vor zu hohen Energielevels schützt [56; 58; 59].

2.2.6 Atmung

In Abwesenheit von Licht wird der Stoffwechsel photoautotropher Organismen auf Atmung umgestellt. Durch den Abbau organischer Verbindungen bei Anwesenheit von Sauerstoff wird die Energieversorgung während längerer Dunkelphasen aufrechterhalten.

Die Atmung erfolgt in folgenden Stufen: die Glykolyse mit oxidativer Decarboxylierung, der Citratzyklus und die Atmungskette. Dabei wird Glucose unter Verbrauch von Sauerstoff (terminaler Elektronenakzeptor) und Bildung von Wasser zu CO_2 oxidiert und ATP gebildet. In Bezug auf die Edukte und Produkte stellt die Atmung genau den Umkehrprozess zur Photosynthese dar.

Die Gesamtgleichung der Atmung lautet:

$$C_6H_{12}O_6 + 6\ O_2 + 32\ ADP + 32\ P_i + 6\ H_2O \rightarrow 6\ CO_2 + 32\ ATP + 12\ H_2O \qquad (2.3)$$

2.2.7 Polysaccharidsynthese

Porphyridium purpureum zählt zu einer der vielversprechenden Quellen für natürliche Polysaccharide mit einem großen Potential für die Lebensmittel-, Chemie- und Pharmaindustrie [60]. Die Struktur und Eigenschaften dieses sulfatierten Polymers wurden in Kapitel 2.1.3.1 beschrieben. Seine Synthese und die Einflussfaktoren auf die Bildung werden in diesem Abschnitt diskutiert.

Aus dem nach der CO_2-Fixierung während des Calvin-Zyklus gebildeten C3 Molekül, das Glycerinaldehyd-3-Phosphat, werden in *Porphyridium* sulfatierte Polysaccharide, die den amorphen Teil der Zellwand aufbauen und sich zum Teil im Medium auflösen, gebildet. Floridenstärke, die als Kohlenstoffreserve dient, und das Floridosid (Disaccharid aus Galactose und Glycerin) werden ebenfalls synthetisiert. Dank neuer Messtechniken, wie die Anwendung von Pulse/Chase-Experimenten mit radioaktivem Kohlenstoff (^{14}C), kann der Stoffwechselweg zwischen CO_2-Fixierung und Endprodukt immer genauer verfolgt werden. Solche Experimente wurden unter Anwendung von [^{14}C]-Bicarbonat bei der Mikroalge *Porphyridium sp.* durchgeführt. Sie zeigen, dass Floridosid das erste und auch das Hauptprodukt der Assimilation von Kohlenstoff n Rotalgen ist [61; 62; 63; 64]. Floridosid soll in der Zelle für die Bildung von Floridenstärke und sulfatierten Polysacchariden (in gebundener oder gelöster Form) weiterverwendet werden. Es dient als dynamisches Kohlenstoff-Reservoir bei Rotalgen, ähnlich wie Saccharose in höheren Pflanzen. Welcher Anteil an Stärke und Polysacchariden aus Floridosid gebildet wird, soll von den Umgebungsbedingungen abhängen. Weitere Untersuchungen zur Abschätzung der enzymatischen Synthese und Abbau von Floridosid sollen durchgeführt werden, um eine Bestätigung des oben beschriebenen Weges zu erhalten [37; 63].

Floridenstärke wird bei den Rhodophyta in Gegensatz zu den Chlorophyta nicht in den Chloroplasten synthetisiert und gespeichert, sondern im Cytoplasma. Die gebildeten Körner dieses Reservepolysaccharids liegen dort frei vor. Ein weiterer Unterschied zu der Stärke der Chlorophyta und höheren Pflanzen liegt in ihrer Struktur. Stärke kann aus Amylose (lineares α-1,4-Glucan-Kette) oder aus Amylo-pektin (verzweigte α-1,6-Glucan-Kette) gebildet sein. Während die Stärke bei Chlorophyta und höheren Pflanzen Amylose-Struktur aufweist, hat die Floridean-stärke der Rotalgen eine Amylopektin-ähnliche Struktur.

Polysaccharide werden im Golgi-Apparat synthetisiert. Die Golgi-Körper (Dictyosom) in Rotalgen sind in der Regel aus vier bis fünfzehn gestapelten Hohlräumen (Zisternen) aufgebaut. Die Größe und die Anzahl der Zisternen ändern sich je nach Wachstumsphase der Zellen [65]. In *Porphyridium* nimmt das Dictyosom paradoxer-weise während der exponentiellen Wachstumsphase das Dreifache des Volumens im Vergleich zu dem während der stationären Phase ein. Dabei ist die Sekretionsrate während der exponentiellen Wachstumsphase geringer als in der stationären Phase. Dieser scheinbare Widerspruch zwischen der Synthese- und der Sekretionsrate wurde gelöst, indem festgestellt wurde, dass während der exponentiellen Wachstumsphase die synthetisierten Produkte zum Teil im Dictyosom gespeichert und erst während der stationären Wachstumsphase sekretiert werden [66]. Der genaue Ablauf zur Polysaccharidbildung im Golgi-Apparat ist nicht vollständig entschlüsselt. Nachgewiesen wurde, dass dort die Sulfatierung der Polysaccharide stattfindet. Sulfat aus dem Medium wird zum Dictyosom transportiert und dort an das Polysaccharid gebunden. Die entstehenden Polysaccharide werden wieder direkt im

Medium oder zur Zellwand sekretiert. Dieser Vorgang kann je nach Bedingungen bei *Porphyridum* weniger als 30 min dauern [23].

Die Polysaccharidbildung und Zusammensetzung soll von unterschiedlichen Umgebungsbedingungen abhängig sein. Unter Nitrat-Limitierung wird die Pigmentbildung gestoppt. Wachstum findet kaum statt. Nur Polysaccharide und Stärke werden weitergebildet. Weiterhin konnte eine Änderung zwischen dem Anteil an gelösten und gebundenen Polysacchariden beobachtet werden. Tritt eine Limitierung ein, liegen die gebildeten Polysaccharide gelöst vor. Bei nicht limitierten Wachstumsbedingungen nimmt der Anteil an gebundenen Polysacchariden und Stärke zu. Ähnliche Beobachtungen wurden unter Sulfat- und CO_2-Limitierung festgestellt [24; 35; 36; 65]. Sie deuten eine wichtige Funktion der gelösten Polysaccharide für das Überleben der Zellen unter Stresssituationen an. Die genaue Funktion dieser Biopolymere konnte noch nicht aufgeklärt werden. In diesem Zusammenhang wurde im Institut für Bio- und Lebensmitteltechnik Produkt-Sensing Verhalten von *Porphyridium purpureum* beobachtet [27]. Dieses Verhalten wird im Abschnitt 4.3 ausführlich beschrieben und untersucht.

2.3 Lichtnutzung

Photoautotrophe Organismen absorbieren Licht und wandeln es in chemisch nutzbare Energie um, dadurch werden aus anorganischen CO_2 organische Moleküle während der Photosynthese gebildet. Die Quantenausbeute ist ein Maß für die Anzahl an Photonen, die benötigt werden, um ein Mol CO_2 zu fixieren bzw. ein Mol O_2 zu bilden. Nach dem Z-Schema (siehe Abschnitt 2.2.2) werden etwa 8 Mol absorbierte Quanten für die Bildung eines Mols O_2 benötigt [6; 42; 67; 68]. Die photosynthetische Aktivität wird über die Messung des gebildeten O_2 bzw. die spezifische Wachstumsrate μ in Abhängigkeit von der Lichtintensität beschrieben. Die Sättigungskurve der Photosynthese beschreibt diese Abhängigkeit und entsteht aus der Auftragung der Photosyntheserate P (mol $O_2 \cdot$ Biomasse$^{-1} \cdot$ h^{-1}) oder μ (d^{-1}) über der Lichtintensität I ($\mu E \cdot m^{-2} \cdot s^{-1}$) (siehe Abb. 2.7).

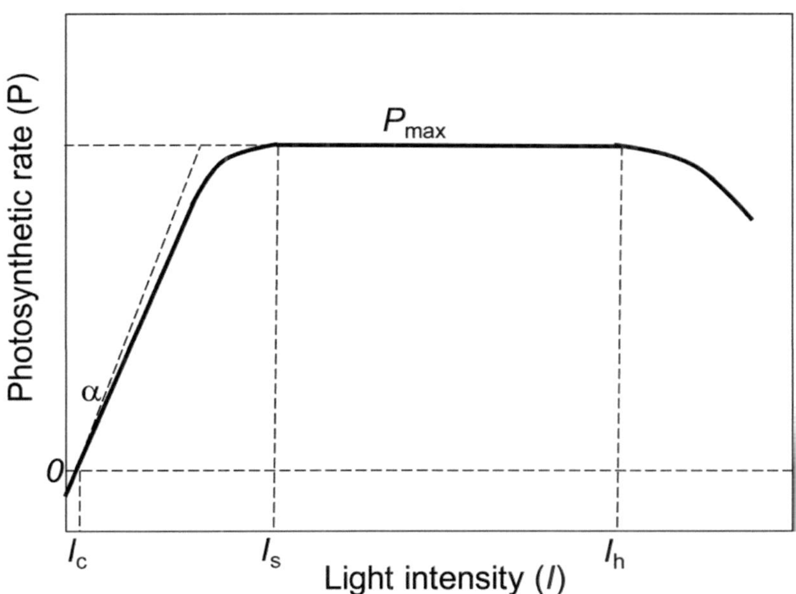

Abb. 2.7. Lichtabhängigkeitsverlauf der Photosynthese (PI Kurve). Die Anfangssteigung der Kurve (α) entspricht der maximalen Lichtausnutzung. Der Schnittpunkt zw. der maximalen Photosyntheserate P_{max} und α ist die Sättigungs-Lichtintensität I_s. I_c Lichtintensität am Kompensationspunkt (kein Wachstum, nur Erhaltung). I_h Lichtintensität in der Photoinhibierung stattfindet [54].

Während dieser Messungen ist eine Limitierung von CO_2 oder anderer Medienbestandteile ausgeschlossen. Die Kurve ist in drei charakteristische Bereiche aufgeteilt. Bei niedrigen Lichtintensitäten im lichtlimitierten Bereich (I) nimmt die Photosyntheserate ab dem Kompensationspunkt mit der Zunahme der Lichtintensität linear zu. Die Nutzungseffizienz der absorbierten Photonen ist in diesem Bereich maximal. Fast jedes Photon wird zur Bildung von O_2 genutzt. Nimmt die Strahlung weiter zu, erreicht die Photosyntheserate und somit das Wachstum einen konstanten Wert P_{max} oder μ_{max}. Die photosynthetische Aktivität ist im Sättigungsbereich maximal. Die Nutzungseffizienz der Photonen nimmt aber ab. Die pro Zeiteinheit absorbierte Energie durch die Pigmente kann nicht vollständig zur CO_2 Fixierung weitergeleitet werden. Wodurch die Lichtsättigung hervorgerufen wird, ist unklar. Die Elektronentransportkette könnte im Sättigungsbereich nicht schnell genug arbeiten und damit wäre die Reduktion von Phosphoglycerat (PGS) zu Glycerinaldehyd-3-Phosphat (GAP) limitiert, was sich schließlich hemmend auf die Regeneration des CO_2-Akzeptors

Ribulose-Biphosphat (RuBP) auswirken würde. Weiterhin könnten andere Prozesse im Calvin Zyklus selbst nicht genug schnell arbeiten, um RuBP in ausreichender Menge auszuliefern [42]. Die überschüssige Energie wird in Form von Fluoreszenz oder Wärme abgegeben. Eine weitere Zunahme der Lichtintensität führt zum Bereich der Photoinhibition. Das Zellwachstum nimmt ab, es kommt zur Zerstörung der Pigmente durch Photooxidation und die Zellen können sogar absterben.

Eine effektive Nutzung von Licht - vor Allem bei höheren Intensitäten - für die photosynthetische Produktion von Zellmasse und sekundären Metaboliten muss gewährleistet sein, um eine erfolgreiche Kultivierung von photoautotrophen Mikroorganismen sowohl im Labor als auch im technischen Maßstab durchzuführen.

Im Freien stehende Anlagen sind der Sonneneinstrahlung ausgesetzt. In der Mittagszeit können je nach Jahreszeit und Land bis zur 2.500 $\mu E \cdot m^{-2} \cdot s^{-1}$ auf die Oberfläche der Anlage eintreffen. Die Photonenflussdichte notwendig für die Sättigung der Photosysteme beträgt meistens nur ein Zehntel dieser auftreffenden Energie. Auch wenn die Zellen nur für eine kurze Zeit so hohen Lichtintensitäten ausgesetzt sind, ist die Wahrscheinlichkeit, dass Photoinhibition auftritt, groß und damit wird die Flächenproduktivität ($g_{Biotrockenmasse} \cdot m^{-2}_{beleuchtete\,Oberfläche} \cdot Zeit^{-1}$) verringert. Die Zellen sind auch Dunkelzonen ausgesetzt (siehe Abschnitt 2.4). Die Dauer des Aufenthalts in diesen Zonen kann sich negativ oder positiv auf die Produktivität auswirken. Genaue Kenntnisse über die Auswirkungen dieser Hell/Dunkel-Zyklen auf das Wachstum der Zellen sind notwendig, um bei Kultivierungen unter Starklicht (im Sättigungsbereich) maximale Photosyntheserate P_{max} und hohe optimale Flächenproduktivität in technischen Anlagen zu erreichen. Mehrere Autoren haben sich mit dieser Fragestellung auseinandergesetzt. Im nächsten Abschnitt wird darüber berichtet.

2.4 Photobioreaktoren und Lichteintrag

Die Produktion von phototrophen Mikroorganismen im technischen Maßstab findet sowohl in offenen als auch in geschlossenen Systemen statt. Obwohl der Begriff Photobioreaktor allgemein alle technischen Produktionssysteme beschreibt, wird er zunehmend für geschlossene Anlagen reserviert. Die unterschiedlichen Arten und wichtigen Merkmale der heutzutage verwendeten technischen Anlagen werden hier vorgestellt.

Offene Systeme

Natürliche und künstliche Teiche, Raceway-ponds und die sog. Kaskadensysteme zählen zu den offenen Systemen. Dabei werden die Raceway-ponds am häufigsten für die Kultivierung von Mikroalgen angewendet. Schaufelräder setzen den Beckeninhalt in Bewegung und sorgen für eine bessere Durchmischung gegenüber z.B. Teichen.

Offene Systeme zeichnen sich durch niedrige Investitionskosten aus, da der technische Aufwand gering gehalten werden kann. Der teils sehr hohe Platzbedarf (bis zur 10 km^2 [69]), das Wachstum in unkontrollierten Bedingungen ohne Regelung wichtiger Parameter (pH, Temperatur und CO_2), meist unzureichende Durchmischung, hohe Wasserverdunstung und CO_2 Diffusion in die Atmosphäre, genauso wie eine ständige Kontaminations- und Verschmutzungsgefahr sind große Nachteile dieser Anlagen. Diese Faktoren haben eine negative Auswirkung auf die Produktivität.

Die Wassertiefe bei Raceway-ponds liegt bei etwa 15-20 cm, in Teichen kann sie größer sein. Das Verhältnis zwischen beleuchteter Oberfläche und Gesamtvolumen der Biosuspension (O/V-Verhältnis) ist hier mit etwa 3-10 m^{-1} gering. Die Produktion von *Dunaliella salina* zur β-Carotin-Gewinnung in der Hutt-See (West Australien) und *Spirulina* in Teichen liegt bei etwa 1 bis 1,3 $g_{BTM}\cdot m^{-2}\cdot d^{-1}$. In Raceway-ponds beträgt die Produktivität für Grünalgen, je nach klimatischer Region, zwischen 12 und 28 $g_{BTM}\cdot m^{-2}\cdot d^{-1}$. Theoretisch könnten in solchen Becken (bezogen auf die auf der Oberfläche auftretende Strahlung und eine theoretisch berechnete photosynthetische Effizienz für das Sonnenlicht von 18%) Produktivitäten von bis zu 130 $g_{BTM}\cdot m^{-2}\cdot d^{-1}$ erreicht werden. Diese Werte zeigen deutlich, dass die Produktion in offenen Systemen durch schlechte Lichtverhältnisse und Durchmischung (schlechter Stofftransport) limitiert ist. Die maximal berechnete Nutzung von Sonnenlicht in außen stehenden Anlagen liegt bei etwa 5-6% [70] in Raceway-ponds gerade mal 1-2%. In den Kaskadenanlagen fließt die Algensuspension von einem geneigten Becken zum nächsten, so dass ihre Schichtdicke unter 1 cm liegt. Der erreichte turbulente Fluss verbessert zusätzlich den Lichteintrag. Die Produktivität von *Chlorella* konnte im Vergleich mit Raceway-ponds vervielfach werden. Das O/V-Verhältnis liegt bei 20-100 m^{-1} im gewünschten Bereich. Die Investitions- und Energiekosten dieser in Trebon (tschechische Republik) entwickelten Anlage sind auch viel höher, vor Allem durch den Einsatz von Förderpumpen. In Bulgarien (max. Produktivität von *Chlorella*

37 $g_{BTM} \cdot m^{-2} \cdot d^{-1}$) und Ländern der dritten Welt werden trotzdem solche Anlagen betrieben [6].

Offene Systeme waren bis vor kurzem das wichtigste Konstruktionsprinzip für die Produktion von Mikroalgen. Die weltweite Produktion von Biomasse stammt bis heute aus offenen Systemen. Das steigende Interesse an der Gewinnung von hochwertigen Produkten aus Mikroalgen für die Pharma- und Kosmetikindustrie benötigt Anlagen, die reproduzierbare Produktionsbedingungen ermöglichen und für GMP (good manufacture practice) geeignet sind. Diese Anforderungen können nur mit geschlossenen Systemen erfüllt werden.

<u>Geschlossene Systeme</u>

Die Kultivierung phototropher Mikroorganismen mit geschlossenen Systemen, also Photobioreaktoren (PBR), ermöglicht eine Überwachung und Regelung wichtiger Parameter wie Temperatur, pH und Durchmischung. Damit werden reproduzierbare Kultivierungsbedingungen erreicht. Außerdem werden die Kontaminationsgefahr und der CO_2-Verlust stark reduziert. Die vorhandene Möglichkeit mit Photobioreaktoren die Kultivierungsbedingungen unabhängig von den Umgebungsbedingungen zu gestalten, ist mit hohen Investitions- und Betriebskosten verbunden, im Vergleich mit offenen Systemen beim entsprechenden Maßstab, und können bis jetzt nur für die Gewinnung von hochwertigen Produkten gerechtfertigt werden.

Sie werden in Form von Rohr- oder Plattenreaktoren mit möglichst dünnem Rohrdurchmesser oder Plattenabstand (ca. 1,2 bis 10 cm) aufgebaut. Damit werden die Dunkelzonen im Reaktor reduziert. Die Platten und Röhren werden parallel oder aufeinander gestapelt und somit große O/V-Verhältnisse angestrebt (bis zu 80 m^{-1}). Durch hohe Turbulenzen sind eine sehr gute Durchmischung und eine kurze Aufenthaltsdauer in sehr hellen oder sehr dunklen Zonen im Reaktor möglich. Dies führt dazu, dass hohe Biomassekonzentrationen von über 20 $g \cdot L^{-1}$ in solchen Systemen, gegenüber 0,5 $g \cdot L^{-1}$ in offenen Anlagen, erreicht werden. Die Produktivität von *Chlorella pyrenoidosa* liegt bei 130 $g \cdot m^{-2} \cdot d^{-1}$ in einem in Singapur geneigt betriebenen Rohrreaktor mit 1,2 cm Rohrduchmesser [71]. Gegenüber dem offenen Kaskadenreaktor entspricht diese Produktivität einer Zunahme des 3,5-Fachen dank optimaler kontrollierter Wachstumsbedingungen für *Chlorella*.

Der momentan größte Rohrreaktor im industriellen Maßstab wurde im Jahr 2000 in der Nähe von Wolfsburg in Deutschland nach drei jährigem Scale-Up in Betrieb genommen. Er besteht aus Glasröhren mit einer Gesamtlänge von 500 km, die vertikal übereinander in einzelnen Einheiten eingeordnet sind. Das Gesamt-reaktorvolumen beträgt 700 m^3 und ist in einem Glashaus mit einer Gesamtfläche von gerade 0,01 km^2 eingebaut. Die jährliche Produktion von Chlorellabiotrocker-masse liegt bei 100-130 Tonnen [72].

Optimale Licht- und Durchmischungsverhältnisse sind entscheidend, wenn hohe Biomassekonzentrationen im Photobioreaktor erreicht werden müssen. Das eintreffende Licht auf der Reaktoroberfläche nimmt im Inneren wegen der Absorption und der Streuung durch die Zellen exponentiell ab. Die Schwächung der Strahlung mit zunehmender Eindringtiefe wird in mehreren Arbeiten (Zusammenfassung bei [73]) mit dem Lambert-Beer'schen Gesetzt angenähert. Das Lambert-Beer'schen Gesetzt wird als

$$I_{aus} = I_{ein} \cdot e^{-\varepsilon \cdot c \cdot L} \qquad (2.4)$$

definiert. Die Strahlstärke I_{aus} nimmt exponentiell mit der Weglänge L und mit der Konzentration des absorbierender Stoffes (Algenzellen) c ab. ε ist der molare Extinktionskoeffizient der Algensuspension. Die Zellen schatten sich gegenseitig ab und verschiedene Lichtintensitätszonen (siehe Abb. 2.8) werden gebildet.

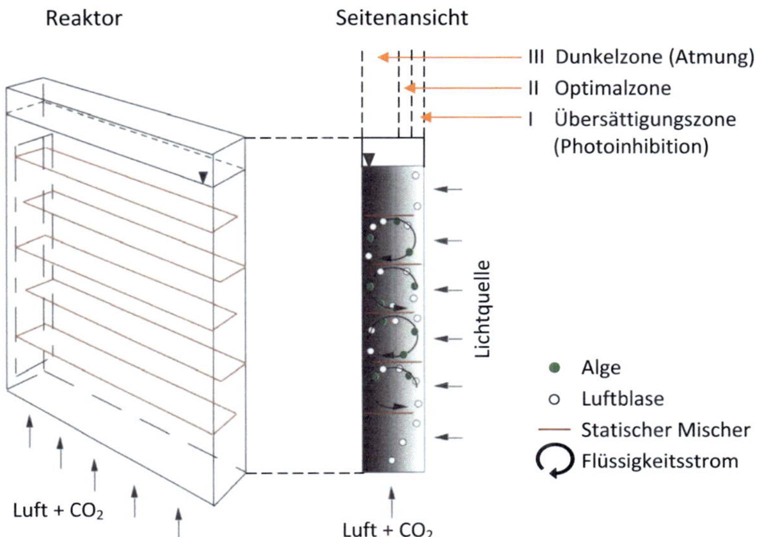

Abb. 2.8. Lichtintensitätszonen am Beispiel des Flachplatten-Airlift-Reaktors der Firma SUBITEC bei hohen Biomassekonzentrationen von der Reaktorwand (Rechts) bis ins Innere des Reaktors (Links) [74].

Auf der Oberfläche des Reaktors tritt Starklicht ein, eine Zone der Übersättigung entsteht. Die Zellen erfahren in dieser Zone Photoinhibition. Danach folgt eine Zone mit optimaler Beleuchtung, in der eine optimale Anzahl an Photonen für die Photosynthese vorhanden ist. Gleich im Anschluss kommt eine Dunkelzone, in der kein Licht für die Photosynthese zur Verfügung steht und die Zellen ihre Stoffwechselaktivität auf Atmung umstellen.Die Auswirkung der unterschiedlichen Lichtzonen im Reaktor auf die spezifische Wachstumsrate der Zellen wird in Abb. 2.9 gezeigt. In Zone I wird die maximale spez. Wachstumsrate (μ_{max}) erreicht und streckt sich in Richtung Reaktormitte so weit, bis die Lichtintensität gerade noch genug für μ_{max} ist (I_1). Wenn Photoinhibition an der Reaktorwand eintritt, ist die spez. Wachstumsrate kleiner (siehe durchgestrichene Linie in Abb. 2.9).

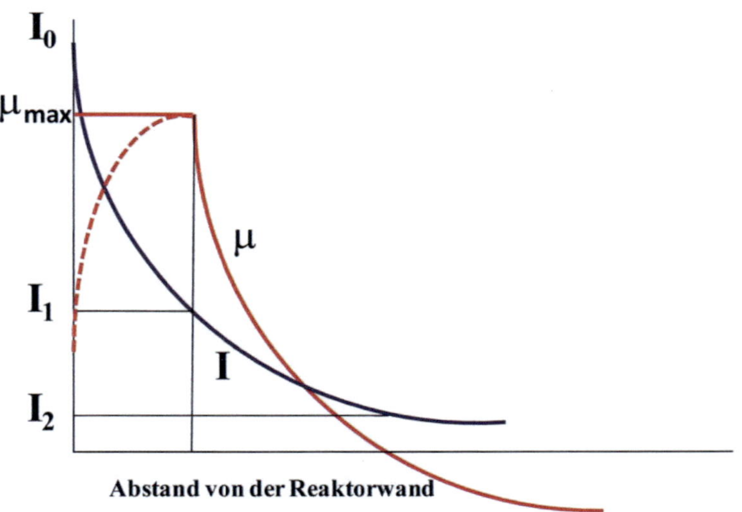

Abb. 2.9. Lichtintensität und lokales Wachstum in einem Photobioreaktor in Abhängigkeit des Abstandes zur beleuchteten Reaktorwand [75].

Bei der Auslegung von technischen Anlagen kann in dieser Zone die Photoinhibition vermieden werden, in dem mehrere Platten- bzw. Rohrreaktoren vertikal dicht nebeneinander aufgebaut werden. Zone II ist durch die exponentielle Abnahme des Lichts und der spez. Wachstumsrate gekennzeichnet. An ihrem Ende reicht die Lichtenergie I_2 für den Erhaltungsstoffwechsel, der Kompensationspunkt ist erreicht (siehe Abb. 2.7). In Zone III wird die spez. Wachstumsrate negativ, da es nicht genug Licht für die Photosynthese gibt und der Stoffwechsel auf Atmung umgestellt wird.

Je höher die Biomassekonzentration desto schneller entsteht die Dunkelzone. Ihre Größe hängt von der Plattenbreite bzw. vom Rohrdurchmesser des Reaktors ab. Je nach Durchmischungsverhältnis (z. B. turbulente Strömung) wird der CO_2-Eintrag bzw. O_2-Austrag verbessert und die Frequenz des Aufenthalts der Zellen in den Hell und Dunkelphasen des Reaktors bestimmt.

Mit der Anwendung von Computioral Fluid Dynamics (CFD) Simulation können die Strömungsprofile im Reaktor berechnet werden. Die Partikelbewegung in einem Strömungsfeld kann mit FLUENT bestimmt werden. Die Überlappung der Partikel-bahn mit der Lichtverteilung im Reaktor (berechenbar mit Monte Carlo Simulation) ermöglicht die Bestimmung der Hell/Dunkel-Zyklen, denen die Zellen im PBR ausgesetzt sind, je nach Durchströmungsgeschwindigkeit und Biomassekonzentration.

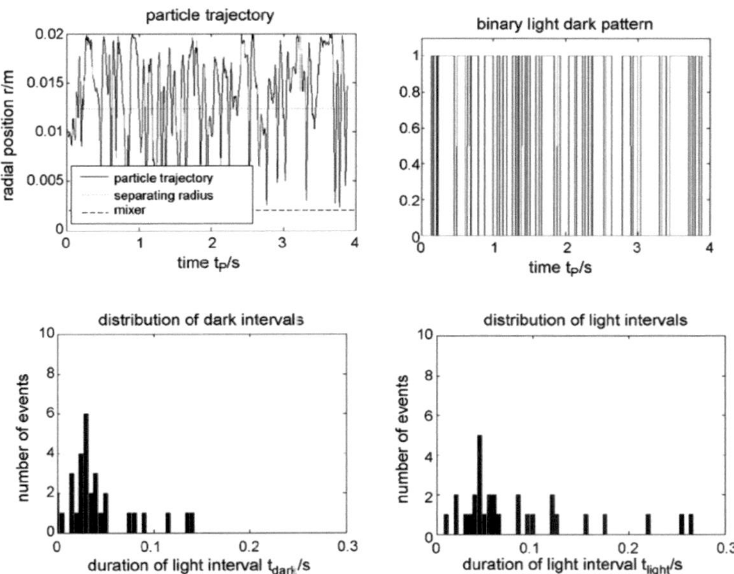

Abb. 2.10. Binärverteilung am Beispiel der Partikelbahn von 0,5 m·s^{-1} bei einem Trennradius r_{trenn} von 12,4 mm (entspricht c_x = 1 g·L^{-1}); eine Partikel, die sich im Fluid zwischen Mischer und Rohaußenwand (0,002-0,02 m) bewegt, wird je nach Position beleuchtet ($r > r_{trenn}$) oder nicht ($r < r_{trenn}$) (oben links). Aus der entstehenden Binärverteilung (oben rechts) können die Längen der so entstehenden Dunkel- (links unten) und Hellintervalle (rechts unten) berechnet werden (übernommen aus [76]).

Der Einsatz und die Entwicklung solcher Simulationsprogramme haben in früheren Arbeiten am Institut für Bio- und Lebensmitteltechnik (früher Institut für Mechanische Verfahrenstechnik und Mechanik) stattgefunden. Abbildung 2.10 zeigt die durch Simulation berechnete Dauer des Hell- und Dunkelintervalls in einem Rohreaktor aus der Überlagerung der Partikelbahn und die im Rohr vorhandene Lichtverteilung [73; 76; 77].

2.5 Der Flashing-Light-Effekt

Wie in Abschnitt 2.4 gezeigt wurde, spielen Hell/Dunkel-Zyklen in technischen Reaktoren eine sehr wichtige Rolle. Sie sind der entscheidende Faktor für die Produktivität und somit die Wirtschaftlichkeit photoautotropher Prozesse. Die Auswirkung solcher Hell/Dunkel-Zyklen auf die Lichtausnutzung der Zellen wird in der Literatur des Öfteren beschrieben. Es wird postuliert, dass bei hohen Licht-intensitäten im Sättigungsbereich eine Erhöhung der Photosyntheserate bei schnellen Hell/Dunkel-Zyklen, vor Allem in Millisekundenbereich, stattfindet. Das Licht kann effizienter für die Photosynthese genutzt werden. Die spez. Wachstumsrate bei diesen Zyklen gleicht die Wachstumsrate bei Dauerbeleuchtung. Dies wird als Flashing-Light-Effekt beschrieben [78; 79; 80; 81]. Die Untersuchungen und Schlussfolgerungen des Flashing-Light-Effekts werden in diesem Abschnitt vorgestellt.

- Phillips et al. [79] untersuchten das Wachstum von *Chlorella pyrenoidosa* unter Blitzlicht und verglichen die Ergebnisse unterschiedlicher Zyklen mit denen der Dauerbeleuchtung, in dem sie die gemessene spezifische Wachstumsrate μ der jeweiligen Versuche über die mittlere Lichtintensität auftrugen. Ihrer Ansicht nach kann die Auswirkung von intermittierendem Licht auf das Wachstum und somit auf die Photosynthese als Problem in der Lichtintegration betrachtet werden. Während einer Hell-Phase mit kurzer Dauer und hoher Lichtintensität werden photochemische Zwischenprodukte gebildet. Werden diese Zwischenprodukte in der Dunkel-Phase durch die enzymatische Reaktionen weiterverarbeitet dann führen die Zellen eine Zeitintegration der Lichtenergie über die Phasen aus. Keine Lichtintegration findet statt, wenn μ während der Hell-Phase gleich μ_{max} bei Dauerbeleuchtung ist, kann aber nicht konstant während der langen Dunkel-Phase erhalten werden. Diese Ergebnisse zeigten, dass nur bei Hell-Phasen von 1 Millisekunden mit Dunkel-Phasen von 6 bis 41 Millisekunden eine perfekte Lichtintegration erreicht wurde (der

Verlauf von µ über die Lichtintensität ist bei den Hell/Dunkel-Zyklen identisch dem Verlauf bei Dauerbeleuchtung). Wenn die Hell-Phase 4 Millisekunden und die Dunkel-Phase etwa das 40-, 20- und 10-Fache der Hell-Phase betrug, fand keine Lichtintegration statt. Erst als die Dunkelphase das 4- und 2-Fache der Hell-Phase dauerte, erreichten die spez. Wachstumsraten gleiche und höhere Werte als bei Dauerbeleuchtung. Identisches Verhalten konnte für Hell-Phasen mit 17 Millisekunden beobachtet werden.

- Terry [80] erkannte den Bedarf, ein quantitatives Verständnis zw. der Frequenz der Hell/Dunkel-Zyklen und der resultierenden Steigerung der photosynthetische Effizienz zu gewinnen. Damit konnte abgeschätzt werden, wie hoch der Beitrag zur Erhöhung der Lichtnutzung in hoch konzentrierten Mikroalgenkulturen durch die entwickelten Rührvorrichtungen zuständig für die Erzeugung von periodischer Lichtmodulation ist. Er untersuchte die durch Hell/Dunkel-Zyklen hervorgerufene Effizienzsteigerung anhand der vermutlich zugrunde liegenden Integration der Lichtintensität Γ über die Zyklusdauer und überprüfte die Integration auf eine Abhängigkeit von der Photonenflussdichte PFD (250-1750 $\mu E \cdot m^{-2} \cdot s^{-1}$), der Frequenz der Zyklen ν (0,25-7,5 Hz bzw. 4-0,13 Sekunden) und dem relativen Anteil der Lichtphase Φ (30-100%). Die Lichtphase wird als der Anteil der Dauer der Hell-Phase t_H zur Gesamtzyklusdauer (t_H+t_D) definiert. Die Lichtintegration wurde als Funktion von PFD, ν und Φ diskutiert. Dabei wurde angenommen, dass schnelle Zyklen zu vollständigen Integration der Photonenflussdichte ($\Gamma=1$) führen und für die Photosyntheserate $P=f(\Phi \cdot PFD)$ gilt, da die Photosyntheserate durch die gemittelte Photonenflussdichte pro Zeit bestimmt wird. Langsame Zyklen führen nicht zu Integration des Lichts ($\Gamma=0$) und es gilt $P=\Phi f(PFD)$, da die Photosyntheserate durch die Photonenflussdichte zu jedem Zeitpunkt bestimmt wird. Die Zellen antworten in diesem Fall auf die momentane Photonenflussdichte. Da die Photosyntheserate eine Sättigungsfunktion der Photonenflussdichte ist, gilt $f(\Phi PFD) > \Phi f(PFD)$.
Aus dem hyperbolischen Zusammenhang zw. Photosyntheserate und Photonenflussdichte wurde die Lichtintegration Γ folgendermaßen berechnet:

$$\Gamma = \frac{P(PDF,\nu,\phi) - \phi \cdot P(PFD)}{P(PDF,\phi) - \phi \cdot P(PFD)} \qquad \text{mit } 0 \leq \Gamma \leq 1 \qquad (2.5)$$

Der Wert von Γ stellt das Maß, inwieweit sich die Photosynthese von nicht-Integration [Φ·P(PFD)] zur vollständigen-Integration [P(Φ·PDF)] entwickelt hat, dar.

Die Ergebnisse zeigten, dass die Integration mit der Frequenz stieg (Abbildung 2.11b), dies führte zur Steigerung der Effizienz (Abbildung 2.11a) bei *Phaeodactylum tricornutum*. Langsame Zyklen führten nicht zur Lichtintegration. Die Integration wurde nur geringfügig von der Lichtintensität beeinflusst und war nahezu unabhängig von dem Anteil der Lichtphase. Der Einfluss der Photonenflussdichte war bei geringen Φ (langen t_D) am größten. Aus den gemessenen Ergebnissen wurde für Γ folgende empirische Anpassung erstellt:

$$\Gamma = \frac{\Gamma_m \cdot v}{K_v + v} \tag{2.6}$$

Dabei sind und Γ_m und K_v Konstanten, die nicht stark von Φ oder PFD abhängen. Bei konstanter Lichtintegration größer 0,25 (Abbildung 2.11a) steigt die Effizienz zwar mit abnehmendem Anteil der Lichtphase (Photonenflussdichte pro Zyklus sinkt), gleichzeitig nimmt jedoch die Photosyntheserate ab und die Atmung zu, aufgrund der längeren Dunkelphase.

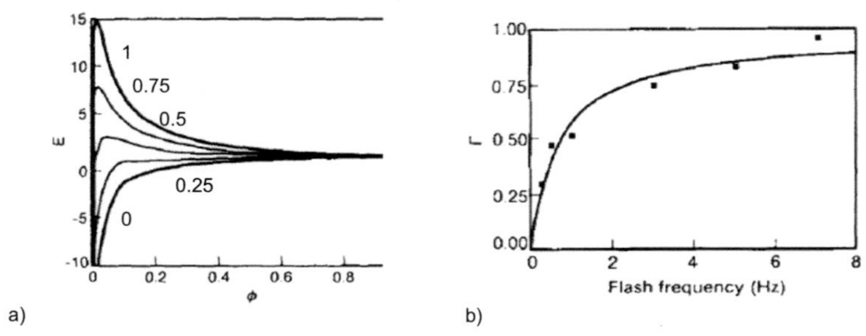

Abb. 2.11 a) Zunahme der Integration Γ mit zunehmender Frequenz; b) Abhängigkeit der Effizienzsteigerung E von dem Anteil der Lichtphase Φ. PFD=1750 μE·m^{-2}·s^{-1}. Die Integration Γ nimmt von unten nach oben zu: 0.25, 0.5, 0.5, 0.75 bis 1.

Bei zu geringen Φ liegt die Atmungsrate im Bereich der Photosyntheserate und es findet keine Steigerung der Photosyntheseeffizienz mehr statt. Die Steigerung, im Vergleich zur Dauerbeleuchtung, ist maximal bei der höchsten Photonenflussdichte (Sättigungsbereich) schneller Zyklen ($\geq$ 1 Hz bzw. < 1 s), in denen die Atmungsrate nicht über der Photosyntheserate liegt. Da die Effizienz der Dauerbeleuchtung bei hohen Photonenflussdichten im Sättigungsbereich sehr gering ist, kann sie leicht durch schnelle Hell/Dunkel-Zyklen gesteigert werden. Optimale Verhältnisse der Hell/Dunkel-Phasen für die Effizienzsteigerung sind von der Lichtintensität und der gesamten Zyklusdauer abhängig. Es stellte sich bei den gegebenen Bedingungen ein Verhältnis von ein Zehntel als geeignet heraus. Für hohe Photonenflussdichte sind kürzere Lichtphasen besser. Φ kann soweit kleiner werden, solange keine Abnahme der Photosyntheseeffizienz wegen Respirationsverluste eintritt. Die Beobachtung, dass die Integration des Lichtes hyperbolisch von der Frequenz der Zyklen abhängt, liefert eine präzise empirische Beschreibung der erwarteten Antwort der Zellen auf die Umgebung unter Hell/Dunkel-Zyklen.

- Janssen et al. [78] untersuchten Zyklen im Sekunden und Millisekunden-Bereich bei verschiedenen mittleren Photonenflussdichten im Sättigungsbereich anhand von *Dunaliella tertiolecta*. Dabei führte ein 94ms/94ms Zyklus (mittlere Photonenflussdichte: 223 $\mu E \cdot m^{-2} \cdot s^{-1}$) zur Steigerung der Photosyntheseeffizienz (Biomasse pro Photonenflussdichte) im Vergleich zur Dauerbeleuchtung bei 433 $\mu E \cdot m^{-2} \cdot s^{-1}$. Die Photosyntheseeffizienz der Mikroalge unter 223 $\mu E \cdot m^{-2} \cdot s^{-1}$ wurde leider nicht bestimmt, um einen Vergleich bei identischen Photonenflussdichten zu erzielen. Längere Zyklen mit 31ms/156ms und 3s/3s bewirkten eine Abnahme der Effizienz. Die Effizienzsteigerung wurde auf die bereits beschriebene Lichtintegration bei schnellen Zyklen zurückgeführt. Weiterhin wiesen die Zellen bei Dauerbeleuchtung mit 80 $\mu E \cdot m^{-2} \cdot s^{-1}$ (keine Sättigung) einen größeren Pigmentgehalt auf als bei 433 $\mu E \cdot m^{-2} \cdot s^{-1}$ (Sättigung), da Algen allgemein bei abnehmender Photonenflussdichte mehr Pigmente pro Zelle produzieren (Photoakklimatisierung). Eine zunehmende Dauer des Zyklus oder der Dunkelphase führte hier ebenfalls zu höheren Pigmentgehalten pro Zelle (31ms/156ms$_{170\mu E \cdot m\text{-}2 \cdot s\text{-}1}$ > Dauerbel.$_{80\mu E \cdot m\text{-}2 \cdot s\text{-}1}$ > 3s/3s$_{224\mu E \cdot m\text{-}2 \cdot s\text{-}1}$ > 94ms/94ms$_{223\mu E \cdot m\text{-}2 \cdot s\text{-}1}$ > Dauerbel.$_{433\mu E \cdot m\text{-}2 \cdot s\text{-}1}$). Es wurde angenommen, dass die Produktion der Pigmente durch den Reduktionszustand der Plastochinone der Elektronentransportkette induziert wird, welcher durch die Photonenflussdichte und auch durch die Hell/Dunkel-Zyklen beeinflusst wird. Es wurde vermutet, dass die Dunkelphasen der Zyklen zur partiellen Re-Oxidation des Plastochinons führen, wodurch nicht nur die Pigmentproduktion induziert, sondern auch die Kapazität der Umwandlung von Lichtenergie in chemische Energie gesteigert wird.

Die Lichtintegration, die gesteigerte Kapazität der Energieumwandlung und der höhere Pigmentgehalt des 94ms/94ms$_{223\mu E \cdot m-2 \cdot s-1}$ führten demnach zur Effizienzsteigerung im Vergleich zur Dauerbeleuchtung$_{433\mu E \cdot m-2 \cdot s-1}$. Langsamere Zyklen, 3s/3s, oder Zyklen mit längerer Dunkelphase, 31ms/151ms, bewirkten trotz des höheren Pigmentgehaltes, aufgrund der unzureichenden Lichtintegration, eine geringere Ausbeute (Dauerbel.$_{80\mu E \cdot m-2 \cdot s-1}$ > 94ms/94ms$_{223\mu E \cdot m-2 \cdot s-1}$ > Dauerbel.$_{433\mu E \cdot m-2 \cdot s-1}$ > 3s/3s$_{224\mu E \cdot m-2 \cdot s-1}$ > 31ms/156ms$_{170\mu E \cdot m-2 \cdot s-1}$).

- Richmond [81] berechnete die H/D-Zyklusdauer in Photobioreaktoren je nach Lichtweg und Durchmischungsmuster (transversal oder lateral und transversal) bei einer Strömungsgeschwindigkeit von 30 cm·s^{-1} in hoch konzentrierte Mikroalgen-Kulturen mit 5% beleuchtetem Volumen. Die Ergebnisse sind in Tab. 2.2 aufgelistet.

Tab. 2.2 Berechnete H/D-Zyklusdauer in Abhängigkeit des Lichtweges bzw. Breite oder Durchmesser eines Photobioreaktors.

Lichtweg	*H/D-Zyklusdauer*
6 cm	200 – 6.000 ms
1 cm	33 – 167 ms
0,375 cm	13 – 23 ms

Die Photosynthese wird in zwei Teilreaktionen gegliedert (siehe Abschnitt 2.2.1) die Licht- und die Dunkelreaktion. Während der Lichtreaktion wird die absorbierte Lichtenergie in chemische Energie (ATP, NADPH$_2$) umgewandelt. Dieser Schritt geschieht spontan innerhalb Nano- bis Mikrosekunden. Die Dunkelreaktion, in der CO$_2$ fixiert wird, besteht aus mehreren enzymatischen Vorgängen, die eine Dauer von 1-15 Millisekunden benötigen. Die Laufzeit der Zellen im Reaktor, d.h. die Zeit, die von den Zellen benötigt wird, um sich aus einer Dunkelzone in eine Hellzone und umgekehrt zu bewegen, fängt bei Lichtwegen < 1cm an, ein wichtiger Parameter für die Erhöhung der photosynthetische Produktivität zu sein. Die Lichtnutzung wird besser, da die Zeitkonstanten der Zyklen sich an die Zeitkonstante der Dunkelreaktion annähern. Ist dies nicht der Fall (Lichtwege > 1cm) sind die Zellen zu verschwenderischen Dunkelperioden ausgesetzt und die Produktivität nimmt entsprechend ab.

Zwei Faktoren müssen in Kultivierungen unter Starklicht gegeben sein, um maximale photosynthetische Effizienz und Produktivität zu bekommen:

1. Die Zellkonzentration bezogen auf der Oberfläche des Reaktors muss so hoch sein, dass die mittlere Photoneneinstrahlung pro Zelle in der Höhe der Lichtintensität am Ende der linearen Phase der PI Kurve liegt.

2. Die Dauer der Dunkelphase der die Zellen während ihrer Zirkulation im Reaktor ausgesetzt sind, sollte so kurz sein wie technisch möglich und nah zu der Zeit der Dunkelreaktion sein.

Diese Bedingungen können nur mit sehr kleinen Lichtwegen und hohen Zelldichten erreicht werden.

Die Reaktorentwicklung muss dem entsprechend in Richtung sehr kleiner Lichtwege und Einstellung von gezielten Hell/Dunkel-Zyklen durch Turbulenzen gehen. Nur so kann der Flashing-Light-Effekt genutzt werden, um höhere Produktivitäten zu erzielen.

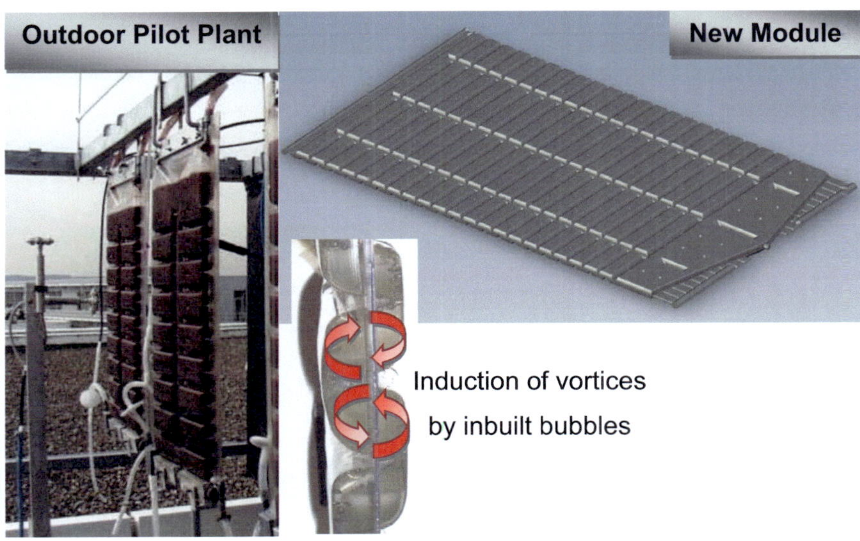

Abb. 2.12. Flachplatten-Airlift-Reaktor (Flat Panel Airlift Reactor) der Firma SUBITEC.

Die Firma SUBITEC GmbH hat in dieser Richtung einen Flachplatten-Airlift-Reaktor gebaut. Bei diesem Reaktortyp wird versucht, bei rein pneumatischem Energieeintrag den Flashing-Light-Effekt gezielt zu nutzen, Abb. 2.12. In einem Plattenreaktor wird durch Anwendung des Airlift-Prinzips eine gerichtete Strömung erzeugt. Durch geeignete statische Mischer, welche im Inneren der Platten quer zur Strömung angeordnet sind, werden walzenförmige Wirbel erzeugt, und so die Algen vom dem dunklen in den hellen Teil transportiert. Dieses Prinzip wurde 2001 weltweit patentiert. Die flächenbezogene Produktivität liegt bei 13 $g \cdot m^{-2} \cdot d^{-1}$.

Greenfuel betreibt seit 2007 einen speziellen Photobioreaktor, 3D Matrix System (3DMS), der im Prinzip aus zwei Blasensäulen besteht (siehe Abb. 2.13). Diese sind an der Unterseite durch ein Querrohr und an der Oberseite durch einen gemeinsamen Kopf/Entgasungsraum verbunden. Durch genaue Einstellung der Begasung in beiden Rohren kommt es zu einer umlaufenden Strömung des Mediums, ähnlich wie in einem Airliftreaktor mit außen liegendem Downcomer. Da nur die vordere Säule transparent ist, durchlaufen die Algen relativ langsame Hell/Dunkel-Phasen. Die vordere Säule hat einen bestimmten Anstellwinkel, sodass die aufsteigenden Blasen hauptsächlich an deren Licht zugewandter Seite aufsteigen. Das führt jedoch zu einem Gegenstrom des Mediums an der dem Licht abgewandte Seite der vorderen Säule. Dadurch entstehen schnelle Vortices, die den Flashing-Light-Effekt unterstützen und zusätzlich für einen intensiven Stoffaustausch sorgen. Dieser Effekt kann ähnlich wie bei dem subitec Reaktor durch Licht leitende Einbauten (transparente Kugeln) unterstützt werden. Das Prinzip ist patentiert (US 2005/0260553 A1).

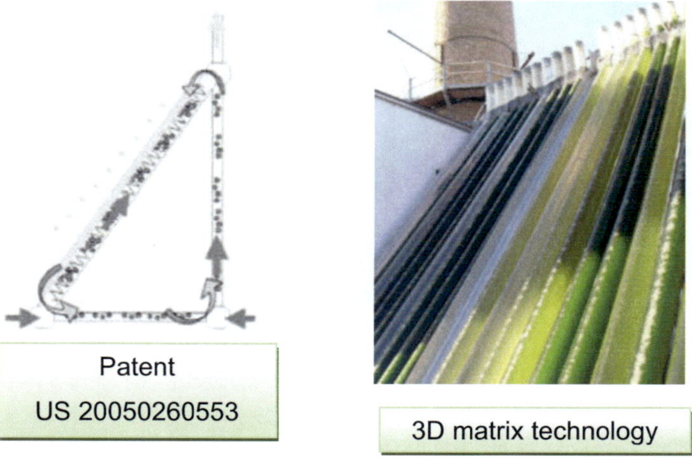

Abb. 2.13.   Triangle Airlift Reactor (MIT, GreenFuel Entwicklung).

Die Produktivitäten, die für diesen Reaktor berechnet wurden, liegen im Mittel bei 98 $g \cdot m^{-2} \cdot d^{-1}$. Spitzenwerte liegen sogar bei 170 $g \cdot m^{-2} \cdot d^{-1}$. In einer Studie werden durch besseres Gas- und Erntemanagement dauerhaft Werte von deutlich über 100 $g \cdot m^{-2} \cdot d^{-1}$ erreichen zu können [82]. Damit ist diese Anlage eine der produktivsten bislang beschriebenen Photobioreaktoren. Sie weist jedoch einen hohen Dunkelanteil (hintere Säule) auf. Die dadurch entstehenden langsamen Zyklen sind in ihrer Auswirkung auf die Algen unklar.

2.6 Funktionsprinzip von Leuchtdioden

Leuchtdioden gehören zu den Elektrolumineszenzstrahlern. Sie sind Halbleiterdioden. Die Grundlage der Halbleiterdiode ist ein n-p-dotierter Halbleiterkristal, dessen Leitfähigkeit von der Polung der Betriebsspannung an Anode (p-dotiert) und Kathode (n-dotiert) abhängt. Halbleiter sind Stoffe mit einer im Vergleich zu Metallen erheblich niedrigeren Leitfähigkeit. Halbleiter sind z. B. die Elemente Silizium oder Germanium der 4. Hauptgruppe. Durch spurenhafte Zusätze bestimmter Elemente zu den Halbleitern (1 Fremdatom auf 10^4-10^8 Atome), die sogenannte Dotierung, kann die Leitfähigkeit der Halbleiter wesentlich vergrößert werden. Zur p-Dotierung werden Elemente der 3. Hauptgruppe (z.B. Aluminium oder Gallium) verwendet. Elemente der 5. Hauptgruppe (z.B. Phosphor oder Antimon) werden zur n-Dotierung eingesetzt. In Abbildung 2.14 wird die p- und n-Dotierung am Beispiel eines Siliziumkristalls gezeigt [83]. Werden 5-wertige Atome in das Kristallgitter eingebaut, so werden die fünften Elektronen nicht zur Bindung benötig und stehen als freie Elektronen zur Leitfähigkeit zur Verfügung (siehe Abbildung 2.14). Da die 5-wertigen Elemente ein Elektron in das Kristallgitter einbringen, werden sie als Donatoren bezeichnet und das Halbleitermaterial ist dann n-leitend. Bei der p-Dotierung werden 3-wertige Elemente, die sogenannten Akzeptoren, in das Siliziumgitter eingebracht. Durch die fehlenden vierten Elektronen entstehen Defektelektronen, auch „Löcher" genannt, die ebenfalls frei beweglich sind, und das Halbleitermaterial ist dementsprechend p-leitend. Wechselt innerhalb eines Halbleiterkristalls durch eine andere Dotierung die Eigenschaft des Materials von p- nach n-leitend, so wird diese Grenzfläche als p-n-Übergang bezeichnet.

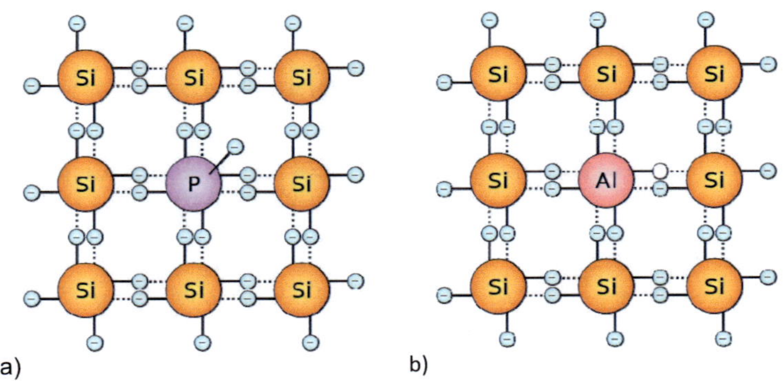

a)   b)

Abb. 2.14. a) n-Dotierung eines Silizium-Kristalls mit Phosphor; b) p-Dotierung eines Siliziumkristalls mit Aluminium.

Wird eine Spannung in Durchlassrichtung angelegt (Minuspol an die n-Seite, Pluspol an die p-Seite angeschlossen), so werden in die n-Seite zusätzlich freie Elektronen eingebracht, die sich auf die Grenzfläche, den p-n-Übergang, zubewegen. Entsprechend bewegen sich die Löcher vom Pluspol der Spannungsquelle zur Grenzschicht hin. Eine schematische Darstellung dieses Vorganges wird in Abbildung 2.15 gezeigt.

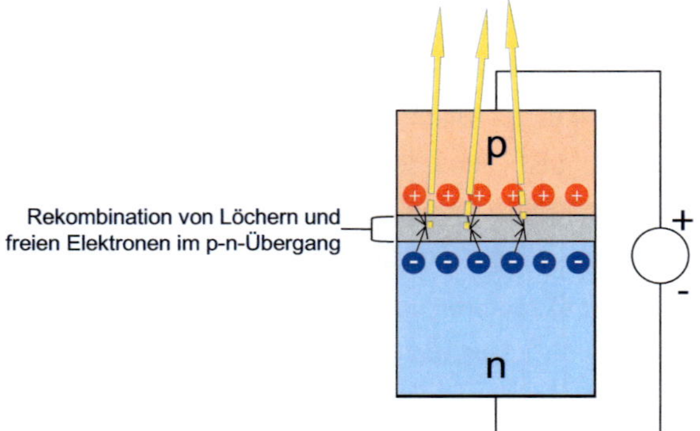

Abb. 2.15. Schematische Darstellung eines p-n-dotierten Halbleiterkristalls mit Rekombination von Löchern und Elektronen im p-n-Übergang beim Anlegen einer Spannung in Durchlassrichtung [83].

In dieser Grenzschicht kommt es dann zur Rekombination der Löcher mit den freien Elektronen. Bei diesem Vorgang gehen die Elektronen in der Grenzschicht von einem höheren in ein niedrigeres Energieniveau über. Die dabei frei werdende Energie (Bindungsenergie) wird entweder als Wärme abgegeben oder im Fall der Leuchtdioden in Form von Licht abgestrahlt. Um die lichterzeugende Rekombinationszone nahe an die Oberfläche des Halbleiterkristalls zu bringen, muss die p-Schicht sehr dünn gefertigt werden (ca. 1,5 µm) [83].

Für die Herstellung von Leuchtdioden werden hauptsächlich III-V-Verbindungshalbleiter eingesetzt, die aus Elementen der 3. und 5. Hauptgruppe des Periodensystems bestehen, weil die energetischen Verhältnisse in diesen Halbleitern so sind dass bei der Rekombination eines Elektrons mit einem Loch Licht im sichtbarer Bereich emittiert wird. Durch die Auswahl der Halbleitermaterialien und der Dotierung können die Eigenschaften des erzeugten Lichts variiert werden. Vor allem die Wellenlänge des abgestrahlten Lichtes und die Effizienz lassen sich so beeinflussen. So wird zum Beispiel Galliumindiumnitrid/Galliumnitrid (GaInN/GaN) für die Herstellung von LEDs, die blaues (470nm) oder grünes Licht (525nm) emittieren, verwendet und Aluminiumgalliumindiumphosphid/GalliumArsenid (ALInGaP/GaAs) für rotes Licht (625nm). Das Emissionsspektrum der LEDs ist relativ schmalbandig. Abbildung 2.16 zeigt typische Emissionsspektren solcher LEDs [84].

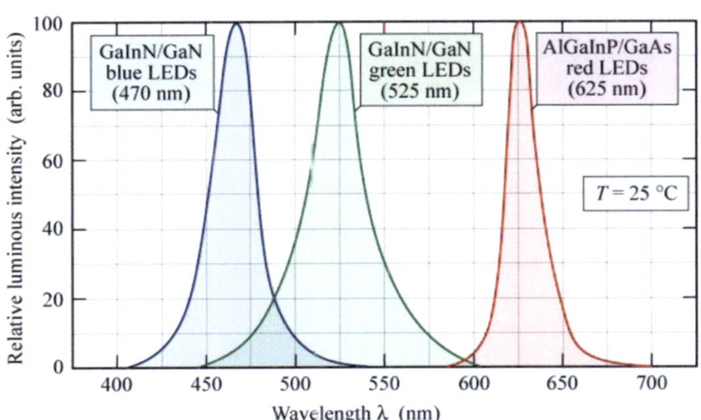

Abb. 2.16. Emissionsspektren blauer, grüner und roter LEDs [84].

Um mit LEDs weißes Licht zu erzeugen, gibt es zwei verschiedene Verfahren. Eine Möglichkeit ist, LED-Chips der Farben rot, grün und blau in einem LED-Gehäuse zusammenzufassen, was als Multi-LED bezeichnet wird. Die additive Farbmischung dieser drei Farben ergibt für den Eindruck des menschlichen Auges weißes Licht. Heute wird jedoch hauptsächlich die sogenannten Lumineszenz-Konversions-LED zur Erzeugung weißen Lichts eingesetzt. Dazu wir ein LED-Chip, der blaues Licht emittiert, mit einem Leuchtstoff (Cer-dotiertes YAG) beschichtet. Abbildung 2.17 zeigt den Aufbau einer solchen LED und die Strahlung, die emittiert wird. Das energiereiche kurzwellige blaue Licht, das von dem LED-Chip ausgesendet wird, regt den Leuchtstoff an. Dabei wird energieärmeres, langwelligeres, gelbes Licht abgegeben. Da nicht das gesamte blaue Licht umgewandelt wird, ergibt die additive Farbmischung von blau und gelb das weiße Licht.

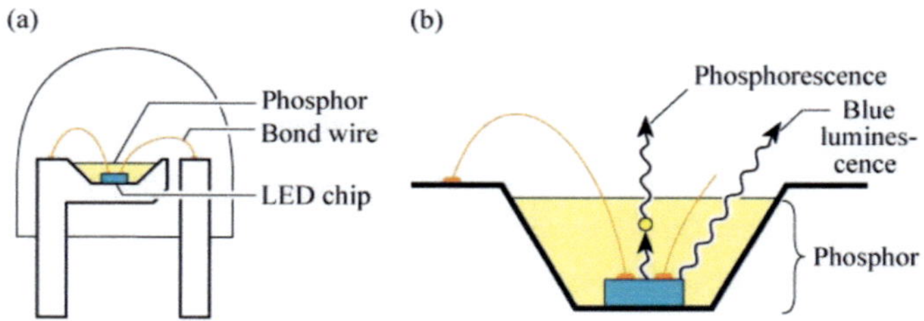

Abb. 2.17. a) Aufbau einer weißen LED bestehend aus einem LED-Chip, der blaues Licht emittiert und mit einem Leuchtstoff beschichtet ist. b) Blaue Lumineszenz und Phosphoreszenz, die von einer Lumineszenz-Konversions-LED emittiert wird [84].

Durch Variation der Dicke der Leuchtstoffschicht und der Konzentration des Leuchtstoffes kann der Farbton des weißen Lichts eingestellt werden. Somit ist auch die Erzeugung warmweißer Farbtöne möglich. In Abbildung 2.18 wird ein typisches Emissionsspektrum einer Weißlicht-LED gezeigt, die auf dem erläuterten Prinzip basiert.

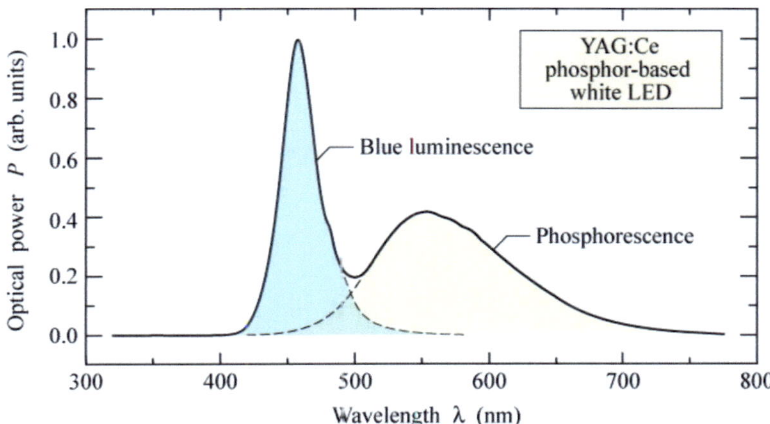

Abb. 2.18. Emissionsspektrum einer weißen LED bestehend aus einem blauen Licht emittierenden LED-Chip mit Cer-dotiertem YAG beschichtet [84].

3 Material und Methoden

3.1 Organismus und Stammhaltung

In dieser Arbeit wurde mit der einzelligen Mikroalge *Porphyridium purpureum* Stammnummer 1380-1a gearbeitet. Sie stammt aus der Sammlung von Algenkulturen am Pflanzenphysiologischen Institut der Universität Göttingen [85]. Die Kultur wurde in einem Schrägagarröhrchen geliefert. Zwei bis drei sterile 100 mL-Erlenmeyerkolben wurden mit je 50 mL synthetisch hergestelltem Salzwasser-Medium (ASW-Medium für artificial sea water medium nach [86]) gefüllt. Die Zusammensetzung des Nährmediums ist in Anhang A1 aufgeführt. In einer Sterilbank wurde die Mikroalgenkultur dann mittels einer Impföse in die vorbereiteten Kolben überimpft. Danach wurden die Kolben 7 Wochen auf einem Orbitalschüttler bei 100 rpm, 20°C und 18 $\mu E \cdot m^{-2} \cdot s^{-1}$ unter Dauerbeleuchtung inkubiert. Die lange Inkubationszeit von 7 Wochen war notwendig, damit die Zellen sich vollständig aus dem festen Agar lösten und eine hohe Zelldichte erreicht werden konnte, andernfalls flockten sie beim überimpfen im nächsten Kolben aus. Diese Zellen wurden dann als Inokulum für Vorkulturen in 500 mL-Erlenmeyerkolben, verwendet. Vor dem Überimpfen in die 500 mL-Kolben wurden die Kulturen auf Sterilität geprüft. Zur Herstellung der Vorkulturen wurden die Kolben mit 200 mL ASW-Medium gefüllt, sterilisiert und dann in einer Sterilbank mit 5-10Vol.% Zellsuspension angeimpft. Die Inkubation dieser Kolben erfolgte analog zu den 100 mL-Erlenmeyer-Kolben. Die Inkubationszeit betrug 3 bis 4 Wochen. Kürzere Inkubationszeiten führten wieder zur Ausflockung der Zellen im Reaktor.

3.2 Kultivierung

3.2.1 Kultivierung im Schüttelkolben

Die Versuchsreihen zu den Produkt-Sensing-Untersuchungen in Schüttelkolben-Kultivierungen wurden in 500 mL-Erlenmeyerkolben durchgeführt. Die Kolben wurden mit 200 mL ASW-Medium gefüllt und sterilisiert. Das sterile Medium wurde mit 10 mL Vorkultur angeimpft. Die Kultivierungsreihen erfolgten bei 20°C auf einem beleuchteten Rotationschüttler bei 100 rpm und einer Photonenflußdichte von 25 $\mu E \cdot m^{-2} \cdot s^{-1}$.

3.2.2 Kultivierung in Photobioreaktoren

Drei verschiedene Photobioreaktoren wurden in dieser Arbeit verwendet. Für die Kultivierungen der Mikroalge *Porphyridium purpureum* im Starklichtbereich wurde ein ideal mit Leuchtdioden beleuchteter Photobioreaktor BE-2 benutzt. Die Entwicklung dieses Systems wird ausführlich in Kapitel 4.2.2 beschrieben. Die Kultivierungen zur Untersuchung des Produkt-Sensing-Verhaltens der Rotalge wurden in zwei verschiedenen von außen beleuchteten Glasreaktoren durchgeführt. Angaben zur Beschreibung dieser beiden Reaktoren sind Tabelle 3.1 zu entnehmen.

Tab 3.1. Charakterisierung der für die Kultivierungen zu Produkt-Sensing-Untersuchungen benutzten Photobioreaktoren. Der GBF-Reaktor stammt von der Gesellschaft für Biotechnologische Forschung (Umbenannt in das Helmholtz Zentrum für Infektions-Forschung) in Braunschweig. Der KLF 2000 kommt von der Firma Bioengineering AG in der Schweiz.

	GBF-Reaktor	KLF 2000 (BE-1)
Innendurchmesser des Glaskessels	20 cm	13 cm
Höhe des Glaskessels	32 cm	45 cm
Oberfläche/Volumen	$20\ m^{-1}$	$31\ m^{-1}$
Antrieb der Rührwelle	Oben	unten
Rührer	3 Propellerrührer	2 Scheibenblattrührer
Verwendete Lampen	3 Halogenlampen 500 W	3 Halogenlampen 150 W

Die Reaktoren wurden mit ASW-Medium befüllt und für 30 Minuten bei 120°C sterilisiert. BE-1 und BE-2 wurden dabei durch Heizstäbe indirekt beheizt. Der GBF-Reaktor wurde durch einen externen Dampferzeuger durch indirekte und direkte Dampfzufuhr sterilisiert. Die Begasung erfolgte mit Druckluft oder einem Gasgemisch aus 2% bis 2,5% Kohlendioxid und Druckluft, je nach Kultivierung. Das Gasgemisch wurde mit Hilfe von Massendurchflussreglern der Firma MKS Instruments eingestellt, wobei je nach Begasungsrate unterschiedlich große Massendurchflussregler verwendet wurden (von 10 mL·min^{-1} bis 5 L·min^{-1}). Ihre Steuerung erfolgte durch das Prozessleitsystem BioProCon.

Das Medium wurde bis zur Einstellung des Gleichgewichtes mit dem Gasgemisch begast und anschließend mit Vorkulturen aus der Stammhaltung angeimpft. Die Probenahme erfolgte über eine sterile Probenahme-Vorrichtung in autoklavierten Probenahmeröhrchen.

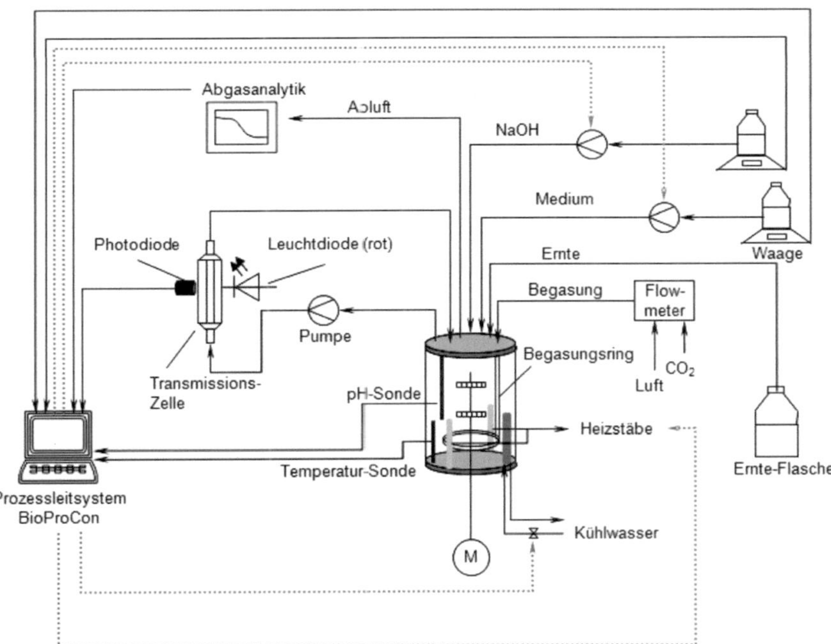

Abb. 3.1. Schematische Darstellung des Photobioreaktors mit der notwendigen Peripherie zur Realisierung einer kontinuierlichen Kultivierung im Turbidostat-Betrieb. Die Kultivierungen zur Untersuchung des Produkt-Sensings wurden ohne Transmissionszelle zur online Aufnahme der Biotrockenmassekonzentration durchgeführt. Der kontinuierliche Betrieb wurde in diesem Fall durch manuelle Einstellung der Zugabe von ASW-Medium realisiert.

Die Peripherie besteht aus einer mit 4 Molarer NaOH gefüllten Flasche, einer Vorratsflasche mit gesättigtem ASW-Medium unter gleicher Gaszusammensetzung wie im Reaktor und einer Ernte-Flasche. Während der kontinuierlichen Kultivierungen wurden mindestens zwei Proben pro Tag aus dem Reaktor entnommen. Die Proben wurden in der Sterilbank auf Monosepizität geprüft. Dafür wurde mit einer Impföse je drei Mal Flüssigkultur auf eine Agarplatten gestrichen, die das Wachstum von Bakterien unspezifisch unterstützt; genauso wurde bei einer Agarplatte verfahren, die das Wachstum von Pilzen unspezifisch unterstützt. Die Zusammensetzung der Agarplatten ist in Anhang A2 angegeben. Die Platten wurden anschließend bei 30°C im Brutschrank inkubiert und nach 24 bzw. 48 Stunden visuell auf Kontaminationen untersucht. Der Rest der jeweiligen Probe wurde zur Charakterisierung des Wachstums und der gebildeten Makromoleküle verwendet.

3.2.3 Online-Messungen

3.2.3.1 Prozessleitsystem BioProCon

Die Prozesskontrolle und die Datenspeicherung der verschiedenen Prozess-Parameter (Temperatur, pH, Begasung, Rührerdrehzahl, Zellkonzentration) erfolgten mit dem Prozessleitsystem BioProCon. BioProCon ist ein mit LabView (graphisches Programmiersystem von der Firma National Instruments) erstelltes, frei konfigurier-bares Programm zur Erfassung, Verarbeitung, Darstellung und Speicherung von Messdaten. Zusätzlich enthält es Zehn P und PID-Regler. Das Prozessleitsystem beinhaltet eine grafische Darstellung von allen erfassten oder generierten Signalen in Sieben Charts mit bis zu Fünf Variablen. Die Speicherung erfolgt in 60-Sekunden-Intervallen, die Daten werden im txt-Format gespeichert und können in Excel importiert werden.

Alle analogen, digitalen und seriellen Messsonden und -geräte sowie Pumpen und Ventile wurden an den 12 bit analog-digital/digital-analog-Wandler Micronet angeschlossen. Das Micronet wurde am Institut für Mechanische Verfahrenstechnik und Mechanik der Universität Karlsruhe (TH) entwickelt. Die Kommunikation zwischen BioProCon und dem Micronet erfolgt über TCP/IP (Transmission Control Protocol/Internet Protocol), dadurch ist die Steuerung mit jedem PC innerhalb des Universitätsnetzwerks möglich.

Die Kühlung des Reaktors wurde mit einem P-Regler, der ein Kühlwasserventil steuerte, realisiert (Deadzone: +0,05°C; P-Anteil: 60 Sekunden/°C; Wartezeit: 20 Sekunden). Die Regelung des pH-Werts wurde ebenfalls über einen P-Regler verwirklicht. Die Lauge- und Säure-Pumpe wurden dadurch gesteuert. Für den Turbidostat-Betrieb wurde ein PI-Regler verwendet. Die LED-Beleuchtungs-einrichtung wurde durch Vorgabe der Lichtintensität gesteuert. Das Programm berechnet hierfür mit Hilfe einer Kalibrierfunktion die Stromstärke.

3.2.3.2 Parametererfassung inline

Das Einbringen von einer pH- und Temperatur-Sonde im Reaktor ermöglichte die Online-Erfassung und Kontrolle der Kultivierungsbedingungen. Die pH-Sonde (SL 80-120 pH der Schott) wurde vor dem Einbau im Reaktordeckel mit zwei verschiedenen Pufferlösungen (pH = 7,01 und pH = 4,01) kalibriert. Für die Messung der Temperatur wurde ein Pt 100 Widerstandsthermometer verwendet. Die Zwei-Punkt Kalibrierung der Temperatursonde erfolgte durch Eintauchen in kochendes Wasser (100°C) und in Eiswasser (0°C). Die Temperatursonde wurde im BE-1 und BE-2 in den Reaktorboden eingebaut, im GBF im Reaktordeckel.

Bei den Kultivierungen im BE-2 im Starklichtbereich wurde das Medium durch eine Transmissionszelle gepumpt. Sie bestand aus einer Durchflussmikroküvette aus Glas. Dank des kleinen durchströmten Spalts wurden Zellanhaftungen an der Küvette vermieden. Die Küvette wurde mit Rotlicht (rote Leuchtdiode) bestrahlt. Ein Detektor auf der gegenüberliegenden Seite erfasste die Transmission des Lichtes (siehe Abb. 3.2).

a)   b)

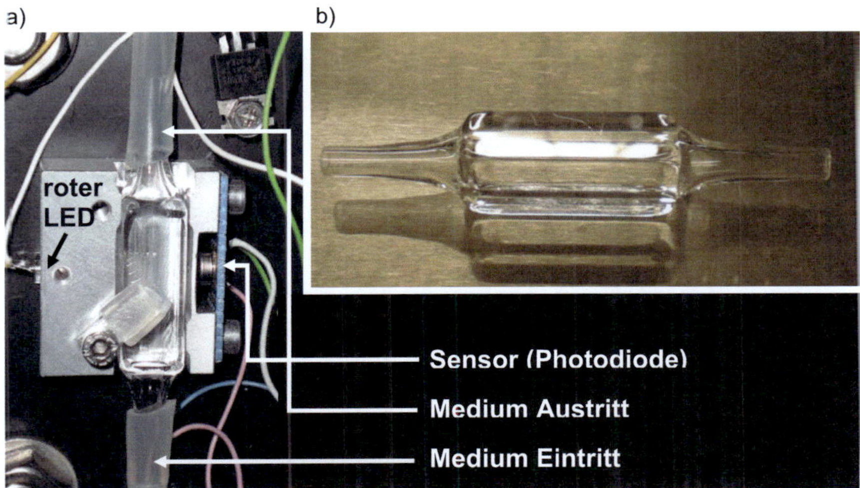

Abb. 3.2. Links: Bild der Transmissionszelle zur online Erfassung der Biotrockenmasse-Konzentration im Reaktor. Rechts: Bild der Durchflussmikroküvette.

Das Signal im Detektor wurde an das Prozessleitsystem weitergeleitet. Nach erfolgter Kalibrierung des Signals mit offline Messungen der Biotrockenmasse-konzentration wurde diese Größe online erfasst. Das Prozessleitsystem steuerte mit einem PI-Regler die Zuflussrate des Mediums (Turbidostat-Betrieb).

3.2.3.3 Abgasanalytik

Die Zusammensetzung des Abgases vom Reaktor wurde mit einem Gasanalysator MULTOR 610 der Maihak AG, Hamburg gemessen. Die Kohlendioxidkonzentration des Gasstroms wird im Gasanalysator differenziell über Infrarotabsorption gemessen. Die Sauerstoffkonzentration im Abgas wird unter Ausnutzung des paramagnetischen Verhaltens von Sauerstoff.

Für die Kalibrierung wurde ein Gasgemisch bekannter Zusammensetzung verwendet, das 20,5Vol.% Sauerstoff und 5Vol.% Kohlendioxid enthielt (± 0,5% relative Messunsicherheit, zertifiziert von Air Liquid). Die Kalibrierung erfolgte monatlich.

Bei niedrigen Begasungsraten (500 mL·min^{-1}) wurde das Abgas in einer gasdichten Tüte gesammelt und von dort zum Gasanalysator geschickt. Im BE-2 wurde das Abgas Zehn Minuten gesammelt, bei den anderen Reaktoren wurde es direkt gemessen.

3.2.4 Lichtmessung

Zur Bestimmung der Korrelation zwischen der Photonenflussdichte im Reaktor und der eingestellten Stromstärke in der neuen LED-Beleuchtungseinrichtung wurde ein Miniquantensensor MQS der Firma Heinz Walz GmbH verwendet. Der Sensor besteht aus einer Photodiode aus Silizium mit einer aktiven Fläche von 7,45 mm^{-2}. Gemessen wird die Strahlung des sichtbaren Lichts in einem Wellenlängenbereich von 400 nm bis 700 nm, die mit einem Winkel von bis zu 80° vom Lot abweicht. Die gemessene Photonenflussdichte wird als die Änderung der Anzahl an Photonen pro Fläche und Zeit definiert. Die Messungen fanden an der Reaktorinnenwand statt. Die Photonenflussdichte wurde in einem Stromstärkenbereich zwischen 0,05 Ampere und 6 Ampere (maximale Leistung der LEDs) gemessen. Die graphische Darstellung der Messergebnisse zeigt Bild A1. Die Anpassung der Kurve ergibt folgenden Zusammenhang:

$$I(A) = 4 \cdot 10^{-7} \cdot PFD^2 + 0,0021 \cdot PFD + 0,028 \left(\mu E \cdot m^{-2} \cdot s^{-1} \right) \qquad (3.1)$$

3.3 Analysenmethoden

3.3.1 Bestimmung der Biotrockenmassekonzentration

Die Bestimmung der Biotrockenmassekonzentration erfolgte durch die Messung der optischen Dichte (OD) in einem Zweistrahlspektrophotometer (UV-VIS Spektrometer UV2 der Firma Unicam) bei einer Wellenlänge von 750 nm. Bei dieser Wellenlänge absorbieren die Pigmente von *Porphyridium purpureum* kein Licht, damit die Lichtschwächung durch die Streuung des Lichtes durch die Zellen bedingt ist. Einflüsse der Pigmentzusammensetzung auf die Messung werden durch die Wahl dieser Wellenlänge vermieden. Die Algensuspension wurde in Einweg-Kunststoff-Küvetten pipettiert (Dreifach Bestimmung) und die OD_{750nm} gegen VE-Wasser als Referenz gemessen. Da bei höheren Zelldichten kein linearer Zusammenhang zwischen optischer Dichte und Zellkonzentration besteht, durfte die gemessene OD_{750nm} nicht höher als 0,5 liegen. Lag die OD_{750nm} über 0,5, wurden die Proben mit VE-Wasser entsprechend verdünnt. Die Biotrockenmassekonzentration c_X wurde anhand folgender Korrelationsgleichung [27] berechnet, dabei ist V der Verdünnungsfaktor:

$$c_x \left(g \cdot L^{-1}\right) = 0,34 \cdot OD_{750nm} \cdot V \tag{3.2}$$

3.3.2 Bestimmung der Pigmentkonzentration

Die Konzentrationen von Chlorophyll a und Phycoerythrin wurden über die Aufnahme von in-vivo-Absorptionsspektren in einem Spektrometer (Cary 50 Con UV-Vis Spektrophotometer der Firma Varian) bestimmt. Zur Aufnahme der Absorptionsspektren wurde die Algensuspension in den Einweg-Küvetten, die zur Messung der Biotrockenmassekonzentration dienten, verwendet. Das Spektrum wurde in einem Wellenlängenbereich von 350 nm bis 800 nm aufgenommen. Die Konzentrationen von Chlorophyll a und Phycoerythrin wurden aus den Werten der Absorption bei 560 nm, 680 nm und 750 nm nach folgenden Gleichungen [73] berechnet:

$$c_{Chlorophyll\,a} \left(g \cdot L^{-1}\right) = 0,0125 \cdot \left(Abs_{680nm} - 1,1 \cdot Abs_{750nm}\right) \cdot V \tag{3.3}$$

$$c_{Phycoerythrin} \left(g \cdot L^{-1}\right) = 0,235 \cdot \left(Abs_{560nm} - 1,2 \cdot Abs_{750nm}\right) \cdot V \tag{3.4}$$

3.3.3 Bestimmung der Polysaccharidkonzentration

Zur Bestimmung der Polysaccharidkonzentration wurden zwei Analysenmethoden angewendet. Die Alcian-Blue-Methode nach Ramus [87] wurde benutzt, um den Verlauf der Konzentrationen der freien, der gebundenen und der intrazellulären Polysaccharide während der Kultivierung zu bestimmen. Die Phenol-Schwefel-Säure Methode nach Dubois [88] wurde modifiziert und neu etabliert. Diese Methode wurde wegen ihrer im Vergleich zur Alcian-Blau-Methode größeren Empfindlichkeit eingesetzt, um die Filtrationsversuche auswerten zu können. Die untere Messgrenze für die Alcian-Blau-Methode lag bei einer Polysaccharidkonzentration von 100 mg·L^{-1} höher als für die Phenol-Schwefel-Säure mit 25 mg·L^{-1}. Unterhalb dieser Konzentrationen waren die Absorptionen der Polysaccharidlösungen gleich der von VE-Wasser.

3.3.3.1 Alcian-Blue-Methode

Bei dieser Methode werden Polysaccharide mit Hilfe einer Alcian-Blue-Lösung komplexiert. Die anionischen Gruppen der Polysaccharide reagieren mit dem kationischen Kupfer-Phtalocyanin-Farbstoff der Alcian-Blue-Lösung. Der dabei gebildete schwerlösliche Komplex fällt aus und die Lichtabsorption des Überstands nimmt ab. Die Entfärbung nimmt mit der Polysaccharidkonzentration zu. Die OD des Überstands wird im Zweistrahlspektrophotometer UV2 von Unicam bei einer Wellenlänge von 610 nm gemessen und dient als Maß für die Polysaccharidkonzentration.

In einem 1,5 mL-Eppendorf-Reaktionsgefäß wurden 500 µL Probe, 500 µL Alcian-Blue-Lösung (1 g·L^{-1} Alcian blue in 0,5 molarer Essigsäure, pH = 2,5) und 200 µl 0,5 molarer Essigsäure pipettiert und gründlich gevortext. Nach einer 24-stündigen Inkubation (± 2 Stunden) bei Raumtemperatur wurden die Eppendorf-Reaktionsgefäße 20 Minuten lang bei 18.000 rpm und 20°C zentrifugiert. Die Absorption des Überstandes, vorgelegt in Einweg-Küvetten, wurde bei 610 nm gegen VE-Wasser gemessen. Ist der Wert für die optische Dichte größer 0,8, muss der Überstand vor der photometrischen Messung mit VE-Wasser verdünnt werden. Liegt die optische Dichte unterhalb von 0,2 wird vor der Alcian-Blue-Zugabe mit ASW-Medium verdünnt. Für die Bestimmung der Konzentration an Gesamtpolysacchariden (gebundenen + freien) wurde 500 µL Zellsuspension, wie beschrieben, direkt eingesetzt.

Zur Gewinnung der freien Polysaccharide wurd 1 mL Algensuspension bei 8.000 rpm, 20°C, 10 Minuten lang zentrifugiert. In dem dabei erhaltenen Überstand könnten die freien Polysaccharide dann, wie oben beschrieben, bestimmt werden. Die intrazellulären Polysaccharide wurcen durch einen Zellaufschluss mit flüssigem Stickstoff gewonnen (Beschreibung unter 3.3.4). In dem damit gewonnenen Überstand wurden die intrazellulären Polysaccharide bestimmt.

Kalibrierkurven

Zur Bestimmung der Kalibrierkurven wurden eigene Polysaccharide durch Gefriertrocknung des Kulturüberstands gewonnen. Zwei Kalibrierkurven wurder erstellt. Zum einen wurde die Korrelation zwischen OD_{610nm} und Polysaccharid-konzentration einer Lösung von freien Polysaccharide in ASW-Medium bestimmt, zum anderen wurde die Korrelation zwischen OD_{610nm} und Polysaccharid-konzentration aus freien Polysaccharide in VE-Wasser ermittelt. Für die erste Kalibrierkurve wurde der Kulturüberstand direkt gefriergetrocknet. Anhand dieser Kurve wurde die Konzentration der freien und gebundenen Polysaccharide aus der OD_{610nm} bestimmt. Die zweite Kalibrierkurve diente zur Bestimmung der intra-zellulären Polysaccharide. Dafür wurde der Kulturüberstand zuerst dialysiert und dann gefriergetrocknet. Alcian-Blue komplexiert unspezifisch Anionen, alle anio-nischen Verbindungen des ASW-Mediums reagieren daher mit Alcian-Blue. Eine Überschätzung der intrazellulären Polysaccharidkonzentrationsbestimmung durch die Anionen des ASW-Mediums wurde durch die Erstellung der zweiten Kalibrier-kurve verhindert. Standardlösungen unterschiedlicher Konzentrationen wurden aus den gefriergetrockneten Polysacchariden mit und ohne ASW-Medium hergestellt. Durch TOC (Total Organic Carbon)-Messungen der Standardlösungen aus den dialysierten Polysacchariden wurde eine Korrelation zwischen der Polysaccharid-konzentration c_{PS} und der TOC-Konzentration c_{TOC} berechnet. Sie lautet:

$$c_{PS}\left(g \cdot L^{-1}\right) = \frac{c_{TOC}}{0,286} \tag{3.5}$$

TOC-Messungen für salzhaltige Proben der Standardlösungen von Polysacchariden in ASW-Medium wurden ebenfalls durchgeführt. Dafür wurde der Differenz Modus, TOC-Extra Messmethode, ausgewählt. Die gemessenen TOC-Konzentrationen wurden mit Gleichung 3.5 in Polysaccharidkonzentrationen umgerechnet. Der Anteil des Kohlenstoffs von Tris-HCl im ASW-Medium wurde in einer Messung bestimmt und vom TOC-Wert der gemessenen Standardlösung abgezogen. Damit konnte die tatsächliche Konzentration der Polysaccharide in der salzhaltigen Standardlösung bestimmt und mit der OD_{610nm} zur Erstellung der Kalibrierkurve korreliert werden.

<u>TOC-Messungen</u>

Die Messungen wurden am Forschungszentrum Umwelt an der Universität Karlsruhe durchgeführt. Die Konzentration des Gesamtkohlenstoffs (TC) wurde mit Hilfe eines HighTOC-Analysators bestimmt. Im HighTOC-Analysator wurde parallel die Konzentration an Gesamtkohlenstoff (TC) und die Konzentration des gesamten anorganisch gebundenen Kohlenstoffs (TIC) bestimmt. Aus der Differenz wurde rechnerisch die Konzentration des gesamten organisch gebundenen Kohlenstoffs (TOC) ermittelt.

<u>TC-Bestimmung</u>

10 ml der Probe wurden in den TOC-Analysator injiziert, davon wurde 1 ml in die heiße Einspritzpatrone überführt und auf 870 °C erhitzt. Die dabei entstandenen Verbrennungsprodukte wurden vom Trägergas zum Katalysator (Cerdioxid CeO_2) befördert. Die kohlenstoffhaltigen Substanzen wurden quantitativ zu CO_2 umgesetzt. Das Messgas wurde mit Hilfe eines Kondensators und eines Trockenrohres getrocknet, und die enthaltenen Halogene wurden an Silberwolle absorbiert. Das enthaltene CO_2 im Messgas wurde dann im Infrarot-Detektor ermittelt.

<u>TIC-Bestimmung</u>

Die zu untersuchende Probe wurde mit HCl-Lösung (1,6% Salzsäure-Lösung) angesäuert, die enthaltenen Karbonate wurden in Form von CO_2 und anderen austreibbaren Verbindungen (POC) ausgetrieben. Das Messgas wurde in einem Trockenrohr von Wasserdampf befreit, die HCl-Dämpfe wurden an Silberwolle absorbiert. Der CO_2-Gehalt des Messgases wurde in der zweiten Küvette des Infrarot-Detektors bestimmt.

<u>Differenz-Modus, TOC-Extra</u>

Bei der TOC-Extra-Methode lag die Einspritztemperatur zunächst bei 250°C und wurde dann langsam auf 870°C erhöht. Dieser Modus wurde gewählt, weil die zu untersuchende Probe einen hohen Salzgehalt aufwies. Das Injektionsvolumen für die TC-Bestimmung entsprach 1 ml und für die TIC-Bestimmung 2 ml.

Die Polysaccharidkonzentration im ASW-Medium ergibt sich aus folgender Gleichung (Kurvenverlauf siehe Bild A3.1 im Anhang):

$$c_{PS}\ (g \cdot L^{-1}) = 0{,}43 \cdot e^{\,(-1{,}7441 \cdot OD_{610nm} \cdot V)} \tag{3.6}$$

Für die Konzentration der Polysaccharide in VE-Wasser gilt (Kurvenverlauf siehe Bild A3.2 im Anhang):

$$c_{PS}\ (g \cdot L^{-1}) = 5,36 \cdot (OD_{610nm} \cdot V)^{-2,667} \tag{3.7}$$

3.3.3.2 Phenol-Schwefelsäure-Methode

Bei der Phenol-Schwefelsäure-Methode wird zu der Probe konzentrierte Schwefelsäure zugegeben. Diese spaltet unspezifisch die Polysaccharide. Dabei entstehen Monosaccharide und dann weiter Furfuralderivate. Letztere reagieren in einer Substitutionsreaktion mit Phenol zu gelben Produkten, die zur Polysaccharidbestimmung herangezogen werden können. Die Absorption dieser Verbindungen wird bei 480 nm im Zweistrahlspektrophotometer UV2 von Unicam gemessen und dient als Maß für die Polysaccharidkonzentration. Da diese Analyse durch Salze gestört wird, war es notwendig, die Proben vor der Bestimmung zu dialysieren.

Vor der Dialyse wurde der Dialyseschlauch in 2% Natriumhydrogencarbonat und 1 mM EDTA zweimal Zehn Minuten gekocht. Die Vorbehandlung diente dazu, die Schläuche weich und biegsam zu machen. Die Schläuche wurden für die Dialyse in ca. 10 cm lange Stücke geschnitten. Die Länge richtete sich nach dem zu dialysierenden Volumen. Nachdem die Dialyseschläuche vor dem Befüllen nochmals gründlich mit VE-Wasser innen und außen gespült wurden, wurden je 3 mL des Filtrats und der Überstand des Retentats aus einer 10 min bei 8.000 rpm und 4°C zentrifugierten Probe in zwei Schläuche gefüllt, um die Dialyse in Doppelbestimmung durchzuführen. Die Schläuche wurden mit Verschlussklemmen dicht verschlossen. Anschließend wurden sie in ein mit VE-Wasser gefülltes 3 L-Becherglas gegeben. Der Behälter wurde auf Eis gestellt und die Proben darin 3-4 Tage, je nachdem wie viele Proben sich gleichzeitig in der Dialyse befanden, unter Rühren dialysiert. Dabei wurde das VE-Wasser mindestens dreimal täglich gegen frisches ausgetauscht. Nach der Dialyse wurden die Schläuche aus dem Becherglas genommen, kräftig geschüttelt, um eventuell an der Schlauchinnenseite anhaftende Moleküle zu entfernen und die Proben mittels einer Eppendorf-Pipette in ein 5 mL-Zentrifugenröhrchen überführt. Anschließend erfolgte die Bestimmung des Probevolumens mittels einer 5 mL-Messpipette. Dieses war nach der Dialyse höher. Der sich daraus ergebende Verdünnungsfaktor wurde bei der Berechnung der Polysaccharidkonzentration berücksichtigt.

Anschließend wurde die Messung der Konzentration von freien Polysacchariden in dreifacher Bestimmung durchgeführt. Je 250 µL der zu analysierenden Probe wurden in drei 2 mL Eppendorf-Reaktionsgefäße pipettiert. Als Nullprobe wurde mit je 250 µL VE-Wasser gearbeitet. Zu den Proben wurden je 1250 µL konzentrierte Schwefelsäure gegeben. Danach erfolgte die Zugabe von 250 µL 5%-iger Phenollösung was zur Bildung eines gelb-braunen Farbkomplexes führte (etwa 1 Stunde stabil). Die Reaktionsgefäße wurden gut verschlossen und 15 Minuten im Wasserbad bei 30°C inkubiert. Danach wurden die Proben aus dem Wasserbad genommen, nochmals gründlich gevortext und in Einweg-Halbmikroküvetten aus Kunststoff überführt. Anschließend erfolgte die Messung der Absorption der Proben bei 480 nm gegen VE-Wasser. Die Absorption der Nullproben sollte nicht über 0,07 liegen, da sonst eine frische Phenollösung verwendet werden müsste. Die Absorption der Nullproben wurde von der Absorption der Proben subtrahiert. Wenn die gemessenen Absorptionen der Proben den Wert 0,85 übesteigen würden, müssten die Proben mit VE-Wasser verdünnt werden.

Die Kalibrierkurve wurde mit der Standardlösung aus den eigenen Polysacchariden erstellt, die durch Gefriertrocknung des dialysierten Kulturüberstands gewonnen wurden. Für die Polysaccharidkonzentration mit der Phenol-Schwefelsäure-Methode ergab sich folgende Regressionsgerade (Kurvenverlauf siehe Bild A3.3 im Anhang).

$$c_{PS}\left(g \cdot L^{-1}\right) = 0{,}2471 \cdot \left(OD_{480nm} \cdot V\right) + 0{,}0026 \tag{3.8}$$

3.3.4 Bestimmung der Proteinkonzentration

Die intrazelluläre Gesamtproteinkonzentration wurde mittels des Lowry-Assays in Modifikation nach Peterson bestimmt [89]. Die Lowry-Reaktion ist eine Kombination der Biuret-Reaktion und der Umsetzung mit dem Folin-Ciocalteau-Phenol-Reagenz. Die Biuret-Reaktion ist eine Farbreaktion mit gelöstem Biuret (Carbamoylharnstoff) und Kupfersulfat in alkalischem wässrigem Milieu. Es entsteht ein rot-violetter Farbkomplex zwischen den Cu^{2+}-Ionen und je zwei Biuret-Molekülen. Cu^{2+}-Ionen binden unter alkalischen Bedingungen an Stickstoff von Peptidbindungen und es bildet sich ein Kupfer-Protein-Komplex. Dieser unterstützt die Reduktion von Molybdat bzw. Wolframat, die im Folin-Ciocalteau-Phenol-Reagenz enthalten sind. Die Reduktion von Cu^{2+} im Kupfer-Protein-Komplex zu Cu^{+} erfolgt vornehmlich durch Tyrosin und Tryptophan, das dann mit dem Folin-Reagenz reagiert. Aufgrund der zusätzlichen Farbreaktion ist die Sensitivität gegenüber dem Biuret-Assay gesteigert. Die Absorption der resultierenden tiefblauen Färbung wird bei einer Wellenlänge von 750 nm gemessen.

Die Bestimmung der Proteinkonzentrationen wurden je Dreifach durchgeführt. Dazu wurden je 5 mL Algensuspension in 5 mL-Zentrifugenröhrchen bei 8.000 rpm und 4°C, 10 Minuten zentrifugiert. Das Zellpellet wurde in 1 mL Puffer A (Zusammensetzung im Anhang A4) resuspendiert. Puffer A enthält Proteaseinhibitoren, die verhindern sollen, dass die Proteine nach dem Zellaufschluss durch Proteasen abgebaut werden. Anschließend erfolgte der Zellaufschluss mit flüssigem Stickstoff in einem Mörser. Dazu wurde zur Vorkühlung der Mörser mit flüssigem Stickstoff gefüllt und der Pistill hineingestellt. Ist der Flüssigstickstoff verdampft, kann von einer ausreichenden Vorkühlung des Mörsers ausgegangen werden. Die in Puffer A resuspendierten Zellen wurden mittels einer Eppendorf-Pipette aus dem Röhrchen in den Mörser überführt. Anschließend wurde das Röhrchen mit 1mL Puffer A gespült und die Spülflüssigkeit wurde ebenfalls in den Mörser gegeben. Nach erneuter Zugabe der Probe mit Flüssigstickstoff wurden die Zellen durch 5-minütiges Zermahlen mit dem Pistill aufgeschlossen. Anschließend wurde der Mörser in eine Wanne mit handwarmem Wasser gestellt, damit die aufgeschlossene Probe schneller auftaut. Sofort nachdem die Probe aufgetaut war, wurde sie mittels einer Eppendorf-Pipette in einen 5 mL-Messkolben überführt. Der Mörser wurde mit 2 mL Puffer A gespült, um die gesamte Probe aus dem Mörser in den Messkolben zu überführen. Die aufgeschlossene Zellsuspension wurde mit Puffer A in einem 5 mL-Messkolben aufgefüllt, welches dem eingesetzten Anfangsvolumen von 5 mL Zellsuspension entspricht. Die aufgeschlossene Probe wurde aus dem Messkolben wieder in ein 5 mL-Zentrifugenröhrchen überführt und 10 Minuten bei 8.000 rpm und 4°C zentrifugiert. Der Überstand, der u. a. die Proteine enthält, wurde in neuen Röhrchen überführt und bis zur Analyse auf Eis im Kühlschrank gelagert. Das Pellet mit den Zelltrümmern wurde verworfen.

Für die Bestimmung der Gesamtproteinkonzentration wurde je 1 mL des Überstandes benötigt, der vor der Analyse aus dem Zentrifugenröhrchen in ein Eppendorf-Reaktionsgefäß überführt wurde. Als Nullproben dienten zweimal je 1 mL Puffer A, die analog zu den Proben behandelt wurden. Zum Überstand und den Nullproben wurden je 100 µL Natrium-Desoxycholat-Lösung gegeben und die Proben gevortext. Nach einer Inkubationszeit von 10 Minuten bei Raumtemperatur erfolgte die Zugabe von je 100 µL Trichloressigsäure. Dadurch wurden die Proteine ausgefällt. Nach erneutem Vortexen wurden die Proben bei 11.000 rpm und 20°C 10 Minuten zentrifugiert. Der Überstand mit den darin enthaltenen Verunreinigungen wurde verworfen. Das Pellet wurde in 1 mL Lowry-Reagenz resuspendiert und mittels einer Eppendorf-Pipette in eine Einweg-Kunststoff-Küvette überführt. Das Reaktionsgefäß wurde anschließend mit 1 mL VE-Wasser gespült, und die Spülflüssigkeit wurde ebenfalls in die Kunststoff-Küvette gefüllt. Nach einer Inkubationszeit von 20 Minuten bei Raumtemperatur wurden je 500 µL Folin-Ciocalteau-Phenol-Reagenz in die Küvette pipettiert. Diese wurde mit Parafilm verschlossen und viermal vorsichtig umgedreht, um den Inhalt zu vermischen. Die Absorption der tiefblauen Färbung wurde nach 30 Minuten Inkubationszeit bei Raumtemperatur bei einer Wellenlänge von 750 nm gegen VE-Wasser gemessen. Die Absorption der Nullprobe wurde von der Absorption der Proben subtrahiert. Die Berechnung der Proteinkonzentration erfolgte anhand folgender Gleichung:

$$c_{\text{Protein}} \left(\text{mg} \cdot \text{L}^{-1}\right) = 251{,}9 \cdot \left(OD_{750nm} \cdot V\right) - 39{,}09 \tag{3.9}$$

Die Kalibriergerade wurde mittels des Proteinstandards BSA (bovine serum albumin) erstellt (siehe Bild A4 im Anhang)

3.4 Abgeleitete Größen

3.4.1 Wachstumsrate

Das Algenwachstum lässt sich im Batch Betrieb aus der experimentell bestimmten Biotrockenmassekonzentration c_x durch folgende Gleichung beschreiben:

$$\frac{dc_x(t)}{dt} = \mu \cdot c_x(t) \tag{3.10}$$

Dabei bezeichnet c_x die Zellkonzentration in der Lösung und μ die spezifische Wachstumsrate. Die Formel gilt nur für Kultivierungen im Kolben bzw. im Batch-Betrieb, solange keine Nährstoff- oder Lichtlimitierung vorliegt.

Zur Beschreibung des Wachstums während des kontinuierlichen Betriebs muss die Verdünnungsrate D berücksichtig werden:

$$\frac{dc_x(t)}{dt} = \mu \cdot c_x(t) - D \cdot c_x(t) \tag{3.11}$$

Die Wachstumsrate lässt sich über d e Verdünnungsrate berechnen

$$\mu = D = \frac{q(t)}{V_R} \tag{3.12}$$

q beschreibt den Zufluss von frischem Medium und V_R das Arbeitsvolumen.

3.4.2 Produktbildungsraten

Die spezifischen Produktbildungsraten werden im Batchbetrieb mit folgender Formel berechnet:

$$\frac{dc_P(t)}{dt} = r_P \cdot c_x(t) \tag{3.13}$$

mit c_P Konzentration des Produkts

        c_X Zellkonzentration

        r_P spezifische Produktbildungsrate

Die Produktbildungsraten im kontinuierlichen Betrieb werden unter Berücksichtigung der Verdünnungsrate berechnet:

$$\frac{dc_P(t)}{dt} = r_P \cdot c_x(t) - D \cdot c_P(t) \tag{3.14}$$

Die spezifische Bildungsrate der freien Polysaccharide in der Kultivierung mit Einsatz der Mikrofiltration wurde während dieser Phase mit der folgender Formel berechnet:

$$\frac{dc_{PS,R}(t)}{dt} = -c_{PS,R}(t) \cdot \frac{\dot{V}_{konti}}{V_R} - c_{PS,F}(t) \cdot \frac{\dot{V}_{Fitrat}}{V_R} + r_{PS} \cdot c_x(t) \tag{3.15}$$

mit $c_{PS,F}$ Konzentration der freien Polysaccharide im Filtrat

$c_{PS,R}$ Konzentration der freien Polysaccharide im Reaktor

c_X Zellkonzentration

$\dot{V}_{konti}$ Volumenstrom für den Turbidostat-Betrieb

$\dot{V}_{Filtrat}$ Volumenstrom vom Filtrat

4 Ergebnisse

4.1 Ziele der experimentellen Untersuchungen

Das Wachstum und die Produktbildung photoautotropher Mikroorganismen hängen von den Umgebungsbedingungen ab. Im Produktionsmaßstab bei hohen Biomassen-konzentrationen sind die Zellen Hell/Dunkel-Zyklen ausgesetzt. Solche Zyklen entstehen durch das Zusammenwirken vom Lichteintrag und Durchmischung in Photobioreaktoren. Ziel dieser Arbeit war, Informationen über die Kinetik des Wachstums und die Produktbildung der Mikroalge *Porphyridium purpureum* in Abhängigkeit der Frequenz der Hell/Dunkel-Zyklen im Starklichtbereich (Sättigungs-bereich) zu gewinnen. Zyklen in Sekunden und vor Allem in Millisekunden Bereich wurden eingestellt, um u.a. das Eintreten des Flashing-Light-Effekts zu überprüfen, in dem gleiche oder sogar höhere spezifische Wachstumsraten als bei Dauer-beleuchtung erwartet werden. Die Gewinnung solcher Kenntnisse ist von zentraler Bedeutung für die Auslegung von Photobioreaktoren mit optimaler Lichtnutzung, da nur damit maximale Produktivitäten erreicht werden können.

In einem weiteren Schritt der Arbeit wurde der Schwerpunkt auf die Polysaccharid-bildung gelegt. Die Rückwirkung der Polysaccharidkonzentration im Medium auf die Bildungskinetik dieser Biopolymere wurde untersucht. Durch eine Reihe Schüttel-kolbenkultivierungen sollten Informationen über mögliche Signalmoleküle erhalten werden, die beteiligt an der Regelung der Polysaccharidbildung sein könnten. Ein Verfahren zur kontinuierlichen Abtrennung mit hohen Polysaccharid-Ausbeuten unter sterilen Bedingungen wurde eingeführt. Die notwendigen Analyse-Methoden zu Auswertung dieser Untersuchungen wurden neu eingeführt bzw. weiterentwickelt. Kenntnis über die biologische Regeung der Polysaccharide durch die Mikroalge sollen genutzt werden, um zusammen mit einer optimalen Abtrennung dieser hoch viskosen Biopolymerlösung einen effizienten Prozess zur Gewinnung dieser wertvollen Makromoleküle zu etablieren.

4.2 Kultivierungen der Rotalge *Porphyridium purpureum* im Starklichtbereich

Alle Kultivierungen zu kinetischen Untersuchungen im Starklichtbereich von *Porphyridium purpureum* in Abhängigkeit von Dauerbeleuchtung und Hell/Dunkel-Zyklen wurden unter gleichen Bedingungen durchgeführt. Die einzigen veränderlichen Parametern waren die Lichtverhältnisse im Photobioreaktor. Die Mikroalgen wurden bei einer Temperatur von 20°C und einen pH-Wert von 7,6 kultiviert. Der Reaktor mit einem Arbeitsvolumen von 1,65 L wurde mit einem Gemisch von Luft und reinem CO_2 mit 2,5% CO_2 Endgehalt und einer Begasungsrate von 121 $mL \cdot L^{-1} \cdot min^{-1}$ begast. Die Rührerdrehzahl wurde auf 150 rpm eingestellt. Der Reaktor wurde mit 200 mL Vorkultur überimpft und in Batch-Betrieb vier Tage lang bis zum Erreichen einer Biomassekonzentration von 0,2 $g \cdot L^{-1}$ gefahren. In diesem Zeitpunkt wurde der Turbidostat-Betrieb gestartet. Durch Zugabe von frischem Medium wurde die Soll-Konzentration von 0,2 $g \cdot L^{-1}$ konstant gehalten. Dieser Soll-Wert ermöglichte eine homogene Lichtverteilung innerhalb des Photobioreaktors und lieferte genug Biomasse für die zur Auswertung der Kultivierung durchgeführte Offline-Analytik. Die technische Realisierung des Turbidostats-Betriebs ist in Abschnitt 3.2.3 beschrieben. Jede kontinuierliche Phase dauerte vier bis sechs Tage. In den ersten Kultivierungen zur Aufnahme der Lichtintensität-Wachstums-Kurve der Rotalge wurden unter-schiedliche Lichtintensitäten in Dauerbeleuchtung für jede kontinuierliche Phase eingestellt. Für die Untersuchungen des Einflusses der Hell/Dunkel-Zyklen auf das Wachstum und die Produktbildung folgte auf die kontinuierliche Phase mit einer Lichtintensität im Sättigungsbereich eine kontinuierliche Phase mit Hell/Dunkel-Zyklen. Die durchschnittliche Photonenflussdichte pro Phase war immer gleich.

4.2.1 Realisierung von Starklicht

In früheren Arbeiten wurde am Institut für Bio- und Lebensmitteltechnik ein Modell-Reaktor mit interner Beleuchtung entwickelt [73]. Dieser Photobioreaktor nutzte einen angerauten Glaskörper zur homogenen Beleuchtung und als Umwurfkörper. Das Licht gelangt an den Glaskörper im Inneren des Reaktors aus einer externen Lichtquelle, Projektor der Firma Polytec mit einer 150 Watt Halogenlampe, über einen Lichtleiter, siehe Bild B1 im Anhang. Mit dieser Beleuchtungseinrichtung konnten Photonenflussdichten von maximal 80 $\mu E \cdot m^{-2} \cdot s^{-1}$ erreicht werden. Sie liegen im lichtlimitierten Wachstumsbereich. Um Photonenflussdichten im Sättigungsbereich für *Porphyridium purpureum* erreichen zu können, sollte die Beleuchtungseinrichtung über 100 $\mu E \cdot m^{-2} \cdot s^{-1}$ erreichen [90; 91]. Die alte Lichtquelle wurde durch eine neue leistungsfähigere ersetzt. Ein Hochleistungslicht-Projektor der Firma Richard Wolf mit einer 300 Watt Kurzbogen Xenonlampe wurde getestet. Die Lampe und der Projektor sind im Bild B3 im Anhang dargestellt. Der Anteil an Licht aus einer Xenonlampe im visuellen Bereich beträgt 44%, der einer Halogenlampe 12%. Durch die bessere

Spektralverteilung, höhere elektrische Leistung und bessere Fokussierbarkeit der Xenon-Kurzbogenlampe könnten zw. 400-450 $\mu E \cdot m^{-2} \cdot s^{-1}$ im Reaktor erwartet werden. Mit dem neuen Projektor wurden nach optimaler Einkopplung des Lichtstrahls mit 2° Eintrittswinkel an dem Lichtleiter, dank den Einbau einer konkaven Linse, maximal 85 $\mu E \cdot m^{-2} \cdot s^{-1}$ am Glaskörper gemessen. Untersuchungen für die Feststellung der Ursache des Lichtverlustes zeigten, dass Verluste durch Strahlungsabsorption des Materials von Glaskörper und Linse um jeweils 10% stattgefunden haben. 60% Lichtverlust wurde durch die Einkopplung des Lichtstrahls am Lichtleiter verursacht. Die Ursache dafür lag in der unidealen Lichtquelle. Das erzeugte Licht aus der Xenonlampe wird nicht punktförmig sondern innerhalb eines Raums erzeugt. Dies gilt für jede reale Lichtquelle. Das gesamte Lichtbündel kann nicht vollständig durch Reflektoren und Linsen parallelisiert und fokussiert werden. Das Licht weitet sich in beiden Fällen auf und kann nicht auf die Größe der optisch aktiven Fläche des Lichtleiters von 10 mm vollständig fokussiert werden. Der Lichtleiter erwies kaum Verluste. Weitere 29% Lichtverlust wurde vom Glaskörper verursacht. Das Licht trat auf den Glaskörper mit einem sehr kleinen Winkel, optimal für den Lichtleiter, von 2° und wurde nicht durch die angeraute Glaskörperoberfläche ausgekoppelt. Eine konische Geometrie des Glaskörpers führte allerdings zu keiner Verbesserung.

Diese Ergebnisse zeigen, dass hohe Lichtintensitäten im Reaktor nur durch den Einbau einer direkt abstrahlenden Lichtquelle erreicht werden könnten. Eine neue externe Beleuchtungseinrichtung mit Leuchtdioden wurde für einen 2 L Glasreaktor entwickelt. Im folgenden Abschnitt wird die neue Anlage detailliert beschrieben.

4.2.2 Entwicklung eines ideal durchleuchteten Photobioreaktors auf Basis von Leuchtdioden (LED)

4.2.2.1 Grundkonzept des neuen Photobioreaktors

Für die Versuche in Starklichtbereich war eine Anpassung der Reaktorbeleuchtung notwendig. Ein neues Konzept wurde entwickelt, bei dem nach einer Lichtquelle gesucht wurde, die an der Reaktoroberfläche eines kommerziell erhältlichen Reaktors der Firma Bioengineering eingesetzt werden konnte. Sie sollte folgende Bedingungen erfüllen:

- Erreichen von Photonenflussdichten im Bereich des Sonnenlichtes etwa 2.000 $\mu E \cdot m^{-2} \cdot s^{-1}$
- günstige spektrale Verteilung im visuellen Bereich für die Absorption der Pigmente
- kleine Abmessungen: damit eine große Flexibilität in der Gestaltung der Lichteinrichtung vorhanden ist
- Realisierung von Hell/Dunkel-Zyklen im Bereich von Stunden bis zu Millisekunden
- flackerfreier Betrieb
- Dimmbarkeit
- geringe Wärmeentwicklung bei Erzeugung des Lichtes

Aus der Vielfalt an vorhandenen Lichtquellen erfüllten Leuchtdioden als einzige die gestellten Anforderungen.

4.2.2.2 Charakterisierung der eingesetzen Leuchtdioden

Leuchtdioden werden in verschiedenen Farben, Bauformen (siehe Bild B4 im Anhang) und mit unterschiedlichen Leistungen angeboten. Anhand der erläuterten Anforderungen wurde die SMD-LED NFSL036L der Firma Nichia für diese Arbeit ausgewählt. Ihre Abmessungen betragen 3,5 mm x 3,5 mm x 0,8 mm (L x B x H). Sie wird mit einem Strom von 150 mA und einer Spannung von 3,5 V betrieben. Daraus ergibt sich eine elektrische Leistung von 525 mW pro Leuchtdiode. Sie emittiert warmweißes Licht mit einem Abstrahlwinkel von 65°. Am Lichttechnischen Institut der Universität Karlsruhe wurde das Spektrum der ausgewählten LED und das des Sonnenlichtes mit einem Spektrometer (Spectro 320D von Instruments Systems) aufgenommen. In Abbildung 4.1 werden die spektralen Verteilungen im visuellen Bereich des emittierten warmweißen Lichtes der Leuchtdiode und des Sonnenlichtes gezeigt. Das Spektrum wurde in beiden Fällen auf die gesamte Intensität zwischen 400 nm und 700 nm normiert (Fläche unter der Kurve). Der Verlauf der Absorption der Pigmente der Rotalge wurde ebenfalls aufgetragen. Das Spektrum der warmweißen LED wies zwei Maxima auf. Das erste lag bei einer Wellenlänge von 465 nm. Die relative Bestrahlungsstärke lag hier bei 0,003. Das zweite Maximum lag bei 596 nm mit einer relativen Bestrahlungsstärke von 0,0075. Das Sonnenspektrum wies im gesamten Wellenlängenbereich keine Maxima auf. Die relative Bestrahlungsstärke nahm von 0,0015 auf 0,004 kontinuierlich zu.

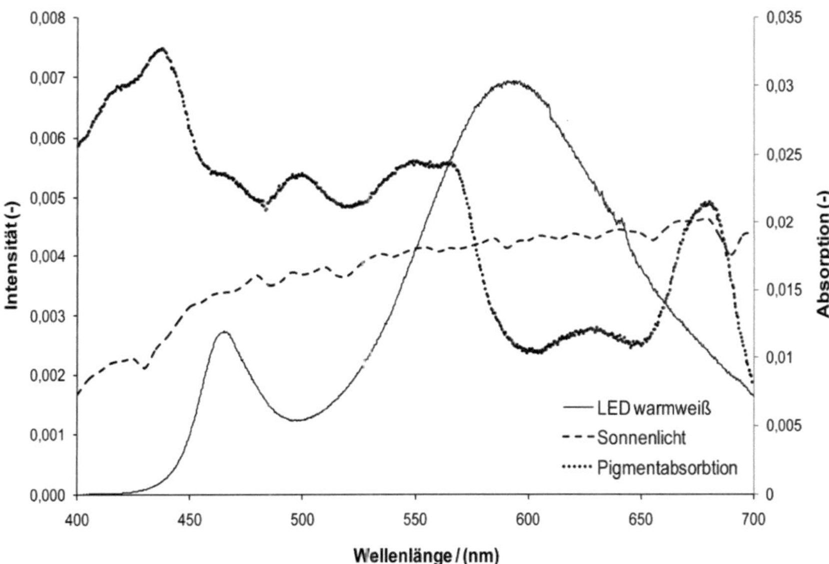

Abb. 4.1. Emissionsspektrum von Sonnenlicht aufgenommen in Karlsruhe am 13.05.08 um 11 Uhr unter blauem Himmel (---) und der ausgewählten warmweißen LED (—), zusammen mit dem Absorptionsspektrum der Pigmente von *Porphyridium purpureum* (·····) in vivo gemessen. Die Emissionsspektren sind Energienormiert $(W\cdot m^{-2})_{pro\,nm}/(W\cdot m^{-2})_{gesamt}$.

Um beurteilen zu können, ob die spektrale Verteilung der LED für die Absorption der Pigmente von *Porphyridium purpureum* günstig und vergleichbar mit der des Sonnenlichtes ist, wurde der prozentuale Anteil der Quanten einzelner Wellenlängenbereiche in Bezug auf die gesamte Quanten im Spektrum der LED zwischen 400 nm und 700 nm berechnet und mit dem des Sonnenlichtes verglichen. In Tabelle 4.1 sind diese Anteile aufgelistet. Für die Pigmente Phycoerythrin und Allophycocyanin ergaben sich bei den Anteilen des Spektrums keine bzw. kaum Unterschiede zwischen der LED und dem Sonnenlicht. Für die Absorption durch Phycoerythrin standen bei der LED 23% des Spektrums und beim Sonnenlicht 26% zur Verfügung. Für Allophycocyanin 27% bei der LED und 25% beim Sonnenlicht. Der Anteil im Absorptionsbereich von Chlorophyll a war beim Sonnenlicht mit insgesamt 33% höher als mit 19% bei der LED. Für den Bereich der Absorption durch Phycocyanin lag der Anteil bei der LED bei 47% und damit um einiges höher als der Anteil beim Sonnenlicht (26%).

Tab. 4.1. Prozentuale Anteile des normierten Spektrums der Leuchtdioden und des Sonnenlichtes im Absorptionsbereich der Pigmente von *Porphyridium purpureum*. Die Spektren sind Quantennormiert $(\mu E \cdot m^{-2} \cdot s^{-1})_{pro\ nm}/(\mu E \cdot m^{-2} \cdot s^{-1})_{gesamt}$. Die Summe der prozentualen Anteile ist höher als 100%, wegen überschneidenden Absorptionsbereichen zwischen den Pigmenten.

		LED	Sonnenlicht
Pigment	Absorptionsbereich (nm)	Anteil des Spektrums (%)	Anteil des Spektrums (%)
Chrophyll a	400 – 460	3	14
	647 – 689	16	19
Phycoerythrin	498 – 567	23	26
Phycocyanin	555 – 620	47	26
Allophycocyanin	618 – 671	27	25

Für alle Pigmente steht bei der ermittelten spektralen Verteilung der LED ein ausreichender Anteil des Spektrums für ihre Absorption zur Verfügung. Nur im Fall von Chlorophyll a und Phycocyanin weichen die Werte im Vergleich zu Sonnenlichtspektrum stärker ab. Der Anteil für das Phycoerythrin lag bei der LED im gleichen Bereich wie beim Sonnenlicht (nur 4%ige Abweichung). Phycoerythrin macht den größten Anteil unter den Pigmenten von *Porphyridium purpureum* aus. Somit wird beim Einsatz der LED ein ähnliches Wachstum wie bei Sonnenlicht erwartet.

4.2.2.3 Beschreibung der neu entwickelten LED-Beleuchtungseinrichtung

Nachdem die geeignete Lichtquelle ausgewählt war, wurde der Aufbau der außenliegenden LED-Beleuchtungseinrichtung festgelegt. Warmweißes Licht wird bei den LEDs durch Lumineszenz und Phosphoreszenz erzeugt. An der Vorderseite der LED entsteht keine Wärme. Die Lichtausbeute von LEDs, ein Maß für die Effizienz der Umwandlung elektrischer Energie in sichtbares Licht, liegt bei 20-50 $lm \cdot W^{-1}$. Ein großer Teil der eingebrachten elektrischen Energie wird an der hinteren Seite einer LED in Wärme umgewandelt. Durch hohe oder stark schwankende Umgebungstemperaturen wird die Lebensdauer von LEDs verkürzt. Je kälter die

Temperatur im Halbleiterchip einer LED ist, desto effizienter kann Licht erzeugt werden. Aus diesem Grund wurden die LEDs auf eine Leiterplatte der Firma Fela Leiterplattentechnik GmbH gelötet. Diese Leiterplatte ist aufgrund ihres Aufbaus speziell für wärmekritische Anwendungen geeignet. Der Aufbau der Leiterplatte ist in Abbildung 4.2 dargestellt.

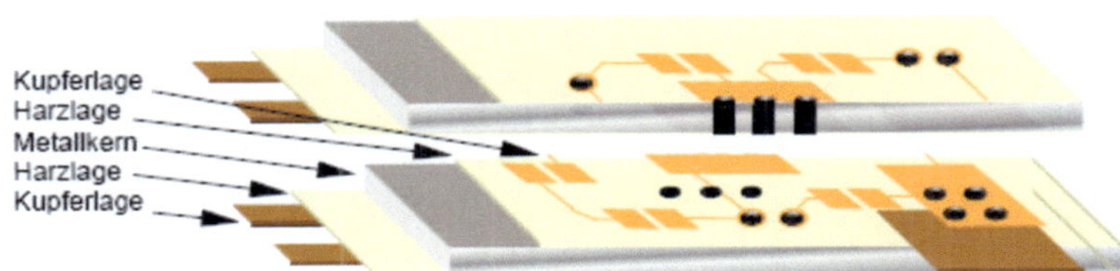

Abb. 4.2. Schematischer Aufbau der doppelseitigen Leiterplatte Thermoline der Firma Fela Leiterplattentechnik GmbH.

An der Leiterplatte befinden sich auf der Ober- und der Unterseite Leiterbahnen aus Kupfer (Schichtdicke 70 µm). Darunter liegt eine dünne Schicht aus Harz zur Isolierung (90 µm) und in der Mitte ein Metallkern aus Aluminium (1,5 mm), wodurch eine optimale Wärmeableitung gegeben ist. Eine weitere Eigenschaft der Leiterplatte ist ihre Biegsamkeit. Damit die Leiterplatte während Kultivierungen unter Starklicht eine konstante Betriebstemperatur für die LED gewährleistete, war eine zusätzliche Kühlung notwendig. Der Innendurchmesser des Glaszylinders des Reaktors betrug 9,5 cm. Dadurch war der Lichtweg bis zur Reaktormitte klein und der Krümmungsradius für die Biegung der Leiterplatte ausreichend groß.

Leiterplattenlayout

Bevor die Leiterplatte von der Firma Fela Leiterplattentechnik GmbH gefertigt werden konnte, musste ein Layout erstellt werden. Dies wurde am Institut für Biomedizinische Technik der Universität Karlsruhe angefertigt. In Abbildung 4.3 wird das Layout der Leiterplatte mit den Leiterbahnen und Lötflächen für die LEDs gezeigt. Damit die LEDs nach dem Biegen der Leiterplatten aufgelötet werden konnten, wurden die Leiterplatten in zwei Halbschalen angefertigt. Eine einfachere Montage am Reaktor war somit gewährleistet. Die Platine enthält je 20 Reihen mit 14 LEDs pro Reihe. Insgesamt wurden 560 LEDs auf beide Halbschalen gelötet. Die maximale Stromstärke beider Leiterplatten gemeinsam folgt aus der Anzahl der

Reihen und der maximalen Stromstärke einer LED: 2 x 20 x 150 mA = 6 Ampère. Die Betriebsspannung beträgt 49 V (14 LEDs pro Reihe x 3,5 V pro LED), mit einer maximalen elektrischen Leistung von 294 W.

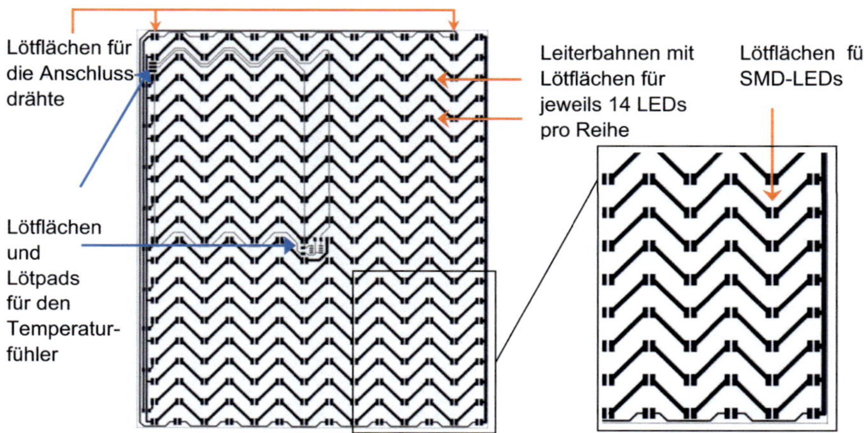

Abb. 4.3. Layout der Leiterplatte mit den Leiterbahnen und den Lötflächen für die LEDs und den Temperaturfühler LM35.

Kühlung der Leiterplatten und Montage an den Reaktor

Zur Kühlung wurden die Rückseiten der Leiterplatten mit einer Kupferhalbschale versehen (siehe Abbildung 4.4 a). Der Hohlraum zwischen Leiterplatte und Halbschale wurde vom Kühlabwasser des Reaktors durchströmt. Die beiden Kupferschalen wurden jeweils auf die Innenseite einer Stahlhalbschale montiert Dadurch konnten die beiden Halbschalen der Beleuchtungseinrichtung an der Bodenplatte des Reaktors befestigt werden. Gleichzeitig war der Reaktorinnenraum von äußeren Lichteinflüssen abgeschirmt. Die Stromversorgung erfolgte über das "Dual 500W LED-Control"-System, einer eigenen Entwicklung des Institutes für Mechanische Verfahrenstechnik und Mechanik der Universität Karlsruhe. Die Einstellung der Lichtintensität und der H/D-Zyklen konnte manuell direkt am Gerät oder am Prozessleitsystem BioProCon (s. Kapitel 3.2.3.1) vorgenommen werden. Die LEDs konnten mit einer Geschwindigkeit von bis zur Einen Millisekunde ein- und ausgeschaltet werden. Damit sind Hell/Dunkel-Zyklen bis zu einer Frequenz von 100 Hz realisiert worden.

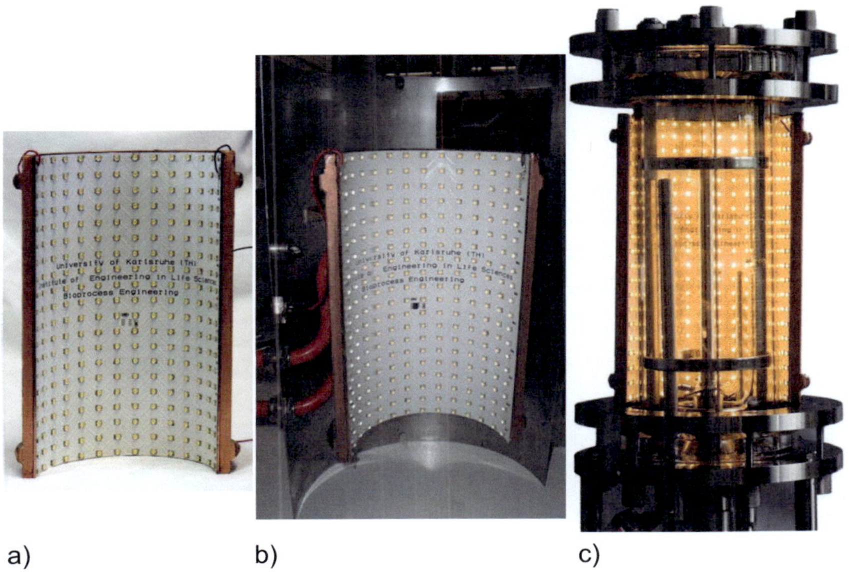

a)   b)   c)

Abb. 4.4. Halbschale mit eingelöteten SMD-LEDs auf der Leiterplatte (a) eingebaut in die Kupferschale (b) mit dem Kühlwasserzulauf und befestigt in einer Stahlhalbschale (c) fertiger Aufbau am Kleinlaborfermenter KLF 2000 der Firma Bioengineering. Der Reaktor wird in der gesamten Höhe homogen beleuchtet.

4.2.2.4 Aufbau des Photobioreaktors

Die neue Beleuchtungseinrichtung wurde für einen Rührkesselreaktor der Firma Bioengineering KLF 2000 entwickelt Dieser Reaktor wird hier BE-2 genannt zur Unterscheidung von dem KLF 2000 mit dem größeren Glaskessel, der bei den Untersuchungen zum Produkt-Sensing-Verhalten der Mikroalge (BE-1) eingesetzt wurde. BE-2 fasst ein Gesamtvolumen von 2,16 L und ein Arbeitsvolumen von 1,65 L. Er besteht aus einem Glaszylinder (Höhe: 30,5 cm, Innendurchmesser: 9,5 cm), der zwischen einer Boden- und Deckelplatte aus Edelstahl fixiert wird. Dabei sorgt je ein O-Ring an den Berührungsflächen für die Abdichtung des Reaktorinnenraums gegen die Umgebung. Das Verhältnis Oberfläche/Volumen beträgt 42 m^{-1}.

Der Antrieb der Rührwelle befindet sich unter dem Reaktorboden. Die Abdichtung zwischen dem Reaktorboden und der Rührwelle ist durch eine einfache Gleitringdichtung gewährleistet. Auf der Welle werden zwei sechsblättrige Scheibenrührer in einer Höhe von 9 cm und 17,3 cm, von der Oberkante der Rührer ausgehend, befestigt. Ein Stromstörer verbessert die Durchmischung des Mediums und dient als

Halterung für die Zuleitung des Begasungsrings. Der Begasungsring befindet sich unter den Scheibenrührern, so dass sich die Gasblasen an der Scheibe sammeln und durch die Scherwirkung der Rührblätter zerkleinert und verteilt werden.

Die Boden- und die Deckelplatte verfügen über genormte Öffnungen, in die folgende Elemente eingesetzt werden:

a) Bodenplatte: Temperatursonde, elektrischer Heizstab (800 W), Kühlfinger mit Ventil für die Regelung des Kühlwasserstroms und Probenahmevorrichtung

b) Deckelplatte: pH-Elektrode, Überdruckventil, Inokulumflasche, Säure- (4 M HCl) und Lauge-Flasche (4 M NaOH), ASW-Medium, Ernte, Ein- und Ausgang der online-Transmissionsmessung, Zuluft und Abluft mit Sterilfilter aus Keramik

4.2.2.5 Lichtverteilung im Photobioreaktor

Für die Messungen der Lichtverteilung im Reaktor wurde die Photonenflussdichte an verschieden Orten gemessen: axial entlang der Höhe des zylinderförmigen Glaskessels und radial von der Reaktor Innenwand bis zur Rührwelle in der Mitte des Reaktors. Die Messungen wurden sowohl im leeren Reaktor gegen Luft und Wasser (siehe Abbildung 4.5) als auch mit Zellsuspension durchgeführt, die die gleiche Biotrockenmassekonzentration von 0,2 $g \cdot L^{-1}$ aufwiest, wie sie auch während der Kultivierungen im Turbidostat-Betrieb auftritt, durchgeführt. In Abbildung 4.5 wird deutlich, dass dank der neuen LED-Beleuchtungseinrichtung eine homogene Verteilung des Lichtes entlang der Höhe des Reaktors erreicht wurde. Die einzige Schwachstelle war der untere Bereich bis zum Abstand von 4 cm vom Reaktorboden aus gemessen. Dort ist der Glaskessel mit der Bodenplatte befestigt (siehe Bild c in Abbildung 4.4). Die Platine konnte erst oberhalb dieses Bereiches an den Kessel montiert werden. Die ersten 4 cm des Reaktors sind dennoch beleuchtet, da die ausgewählten LEDs das Licht mit einem Winkel von 60° abstrahlen. Die Licht-abnahme in diesem Bereich betrug 30%, bezogen auf die maximal gemessene Photonenflussdichte an der Reaktorwand. Die Kultivierungen im Starklichtbereich wurden bei einer PFD von 270 $\mu E \cdot m^{-2} \cdot s^{-1}$ durchgeführt. In den ersten 4 cm, etwa ein Fünftel des gesamten Reaktorvolumens während der Kultivierung, betrug die Photo-nenflussdichte 186 $\mu E \cdot m^{-2} \cdot s^{-1}$ und lag damit immer noch im Sättigungsbereich (siehe Abbildung 4.7). Folglich wurde kaum Einfluss auf die physiologische Antwort der Zellen erwartet.

a)

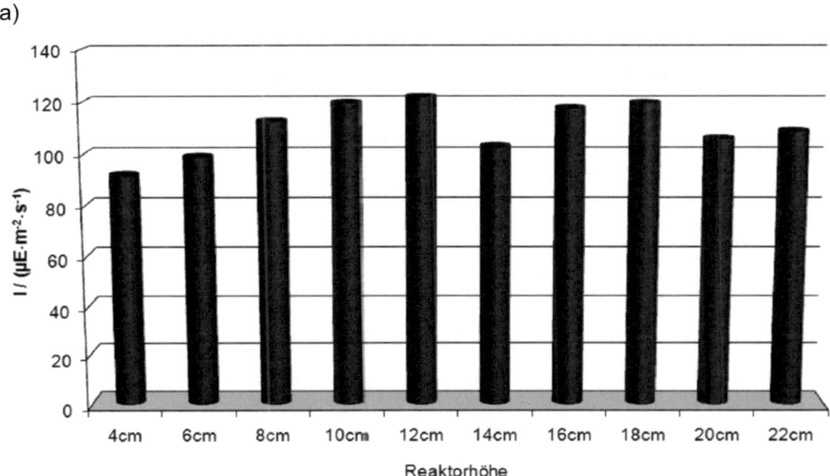

b)

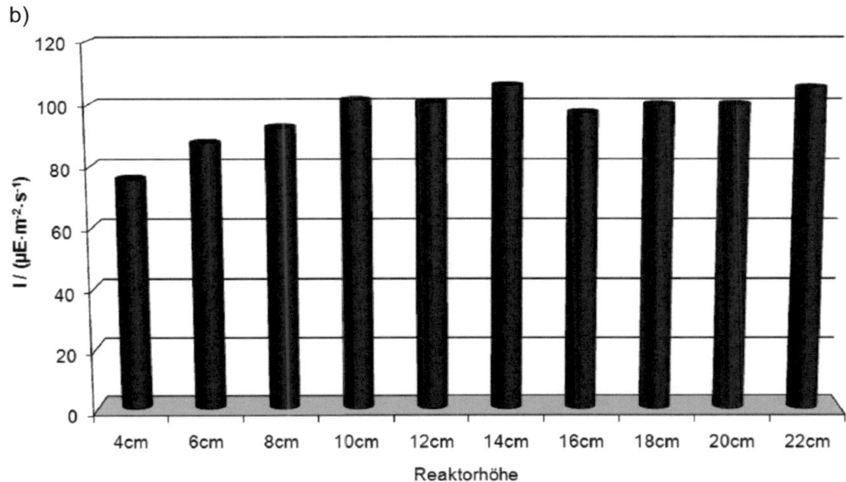

Abb. 4.5. Gemessene PFD im Photobioreaktor a) gegen Luft und b) gegen Wasser. Die Messungen wurden in 2 cm Schritten in axialer Richtung entlang der Höhe des Reaktors an der Reaktorinnenwand durchgeführt. In den ersten 4 cm des Glaskessels ist die Photonenflussdichte wegen der Befestigung des Glaskessels geringer (siehe Abb. 4.4 c)).

Weitere Messungen wurden durchgeführt, um die Lichtverteilung innerhalb des zylindrischen Glaskessels zu ermitteln. Durch die Krümmung der beleuchteten Reaktoroberfläche wurde eine Fokussierung des Lichtes zur Reaktormitte hin erwartet. Dieser Effekt wurde Sammellinseneffekt genannt. Der Sammellinseneffekt bewirkt, dass die Photonenflussdichte in absorptionsfreien Medien wie Luft und Wasser von der Reaktorwand bis zur Rührwelle hin zunimmt. Die durchgeführten Lichtmessungen gegen Wasser von der Reaktorwand bis zur Reaktormitte bestätigten diese Annahme. Wie in Abbildung 4.6 a) gezeigt wird, nahm die Photonenflussdichte von 90 $\mu E \cdot m^{-2} \cdot s^{-1}$ auf 136 $\mu E \cdot m^{-2} \cdot s^{-1}$ um 34% zu.

Werden Zellen in dem Bioreaktor kultiviert, nimmt die Lichtverteilung bis zur Reaktormitte durch Streuung und Absorption nach dem Lambert-Beer'schen Gesetz exponentiell ab. Unser Ziel war, durch die Überlagerung von Sammellinseneffekt und exponentieller Lichtabnahme eine homogene Lichtverteilung innerhalb des Reaktors zu erreichen. In Abbildung 4.6 b) wird gezeigt, dass die Lichtabnahme bei einer Zellkonzentration von 0,2 $g \cdot L^{-1}$ bis zur Reaktormitte 10% betrug. Für die durchgeführten Kultivierungen im Starklichtbereich bedeutete das, dass die Photonenflussdichte von 270 $\mu E \cdot m^{-2} \cdot s^{-1}$ an der Reaktorwand auf 240 $\mu E \cdot m^{-2} \cdot s^{-1}$ in der Reaktormitte abnahm. Bei dieser Photonenflussdichte wachsen die Zellen immer noch unter Lichtsättigung. Auch im Bereich des Wachstums unter Lichtlimitierung wird kein Effekt im Stoffwechsel durch die 10% Lichtabnahme erwartet (siehe Abbildung 4.7).

a)

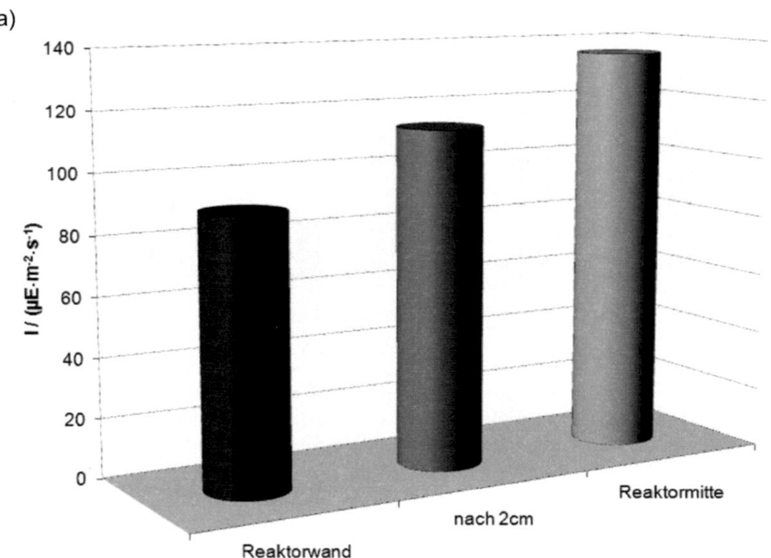

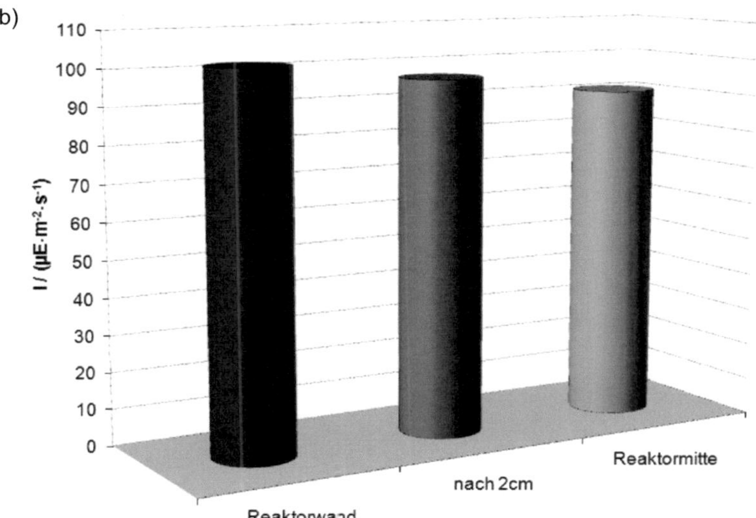

Abb. 4.6. Lichtverteilung im Photobiorekator mit der neuen LED-Beleuchtungseinrichtung in einer Richtung, von der Reaktorwand bis zur Reaktormitte, gemessen; a) bei 90 $\mu E \cdot m^{-2} \cdot s^{-1}$ an der Reaktorwand gegen Wasser; b) bei 100 $\mu E \cdot m^{-2} \cdot s^{-1}$ an Reaktorwand gegen Zellsuspension von *Porphyridium purpureum* mit einer Zellkonzentration von 0,2 $g \cdot L^{-1}$. Die Werte sind der Mittelwert aus 12 Messungen innerhalb der Höhe des Reaktors.

Durch die ausgewählte Reaktorgeometrie mit einem Innendurchmesser von 9,5 cm und der neu entwickelten LED-Beleuchtungseinrichtung wurde ein optimal beleuchtetes System für Kultivierungen von phototrophen Mikroorganismen entwickelt.

4.2.3 Aufnahme der Lichtintensität-Wachstums-Kurve

Ziel der ersten Kultivierungen in der neuen Anlage war die Aufnahme der spezifischen Wachstumsrate von *Porphyridium purpureum* in Abhängigkeit von der Lichtintensität im kontinuierlichen Betrieb. Der Arbeitspunkt für die weiteren Kultivierungen mit Hell/Dunkel-Zyklen sollte hiermit festgelegt werden.

Sechs kontinuierliche Phasen wurden innerhalb von drei Kultivierung gefahren, um die Lichtintensität-Wachstums-Kurve von *Porphyridium purpureum* aufzunehmen. Wichtig dabei war, die linearen Kurver-Bereiche und die Sättigung aufzudecken. Aus früheren Arbeiten [27] bestand bis 72 $\mu E \cdot m^{-2} \cdot s^{-1}$ ein linearer Zusammenhang zwischen Wachstum und Photonenflussdichte. In der Literatur werden für *Porphyridium purpureum*

Photonenflussdichten oberhalb 100 µE·m^{-2}·s^{-1} im Bereich der Sättigung angegeben [90; 91]. Folgende Photonenflussdichten wurden ausgewählt: 30 µE·m^{-2}·s^{-1}, 75 µE·m^{-2}·s^{-1}, 110 µE·m^{-2}·s^{-1}, 270 µE·m^{-2}·s^{-1}, 320 µE·m^{-2}·s^{-1}, 500 µE·m^{-2}·s^{-1} und 710 µE·m^{-2}·s^{-1}. Grund dafür war zum einem die Sicherstellung, dass beide Bereiche erreicht wurden und zum anderen eine Vergleichbarkeit mit den wenigen Literaturangaben über Wachstumsraten in Turbidostat-Betrieb zu bekommen. Die Auftragung der berechneten spezifischen Wachstumsraten µ über die Photonenflussdichte in Abbildung 4.7 zeigt den erwarteten hyperbel-förmigen Zusammenhang beider Größen (siehe Abschnitt 2.3) an. Daraus folgt eine maximale spezifische Wachstumsrate von *Porphyridium purpureum* von µ$_{max}$ = 0,72 d^{-1} bei Dauer-beleuchtung und eine Sättigungs-Lichtintensität von I$_S$ = 240 µE·m^{-2}·s^{-1}. Jeder Punkt in der Kurve entspricht dem Mittelwert der kontinuierlichen Phase mit einer Dauer von vier bis sechs Tagen.

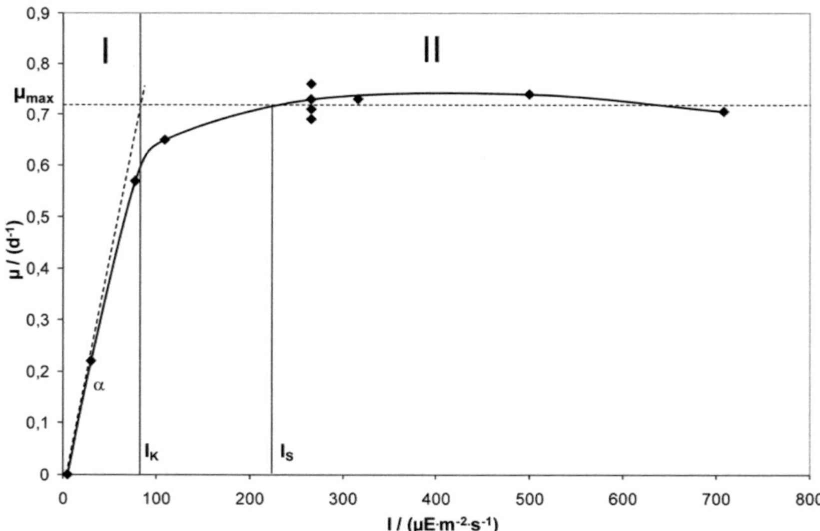

Abb. 4.7. Experimentell ermittelte Lichtabhängigkeitsverlauf der spezifischen Wachstums-rate der Rotalge *Porphyridium purpureum* im kontinuierlichen Betrieb für die eingestellten Kultivierungsbedingungen. Das Wachstum in Abhängigkeit der PFD wird in zwei Bereiche geteilt: **I unter Lichtlimitierung; II unter Lichtsättigung** der Photosysteme; α Anfangsstei-gung der Kurve; I$_C$ Lichtintensität im Lichtkompensationspunkt; I$_K$ Lichtintensität zu Beginn der Lichtsättigung; I$_S$ Sättigungs-Lichtintensität; µ$_{max}$ maximale spezifischen Wachstumsrate.

Für die Durchführung der Kultivierungen mit Hell/Dunkel-Zyklen musste eine Photonenflussdichte ausgewählt werden, die im Sättigungsbereich lag. Nach der Erstellung der µ/I-Kurve wurde 270 $\mu E \cdot m^{-2} \cdot s^{-1}$ als Arbeitspunkt festgelegt. In Abb. 4.7 sind für weitere Kultivierungen die gemessenen spezifischen Wachstumsraten bei 270 $\mu E \cdot m^{-2} \cdot s^{-1}$ als Beleg der Reproduzierbarkeit der Ergebnissen dargestellt. Die maximale Abweichung zwischen der niedrigsten spezifischen Wachstumsrate μ = 0,69 d^{-1} und der höchsten μ = 0,74 d^{-1} beträgt 7%.

4.2.4 Kultivierungen zum Einfluss der Hell/Dunkel-Zyklen

Wenn photoautotrophe Mikroorganismen unter Photonenflussdichten höher als I_s unter Dauerbeleuchtung kultiviert werden, kann nur ein Teil der absorbierten Lichtenergie weiter umgesetzt werden. Es kommt zu einem Photonenstau in der Pigmentsystemen und ein Teil der absorbierten Lichtenergie geht in Form von Fluoreszenz oder Wärme verloren. Eine bestimmte μ_{max} stellt sich ein. Durch die durchgeführten Kultivierungen unter Hell/Dunkel-Zyklen mit unterschiedlicher Frequenzen wurden Informationen über die physiologische Antwort der Zellen auf diese Zyklen gegenüber dem Wachstum unter Dauerbeleuchtung bei PFD > I_s gewonnen. Ihr Verlauf wird exemplarisch durch eine der durchgeführten Kultivierung gezeigt. Die Ergebnisse der restlichen Kultivierungen werden tabellarisch dargestellt.

4.2.4.1 Verlauf der Biotrockenmassekonzentration

Nach dem Animpfen des Reaktors mit 200 mL Zellsuspension aus einer Schüttelkolbenkultivierung wurde die Batch-Phase gestartet. Während dieser Phase wurden die Zellen auf die für die kontinuierliche Phase benötigte Photonenflussdichte von 270 $\mu E \cdot m^{-2} \cdot s^{-1}$ adaptiert. Das Wachstum im Schüttelkolben fand unter 18 $\mu E \cdot m^{-2} \cdot s^{-1}$ statt. Wenn die Zellen nach dem Animpfen von Beginn der Batch-Phase an unter 270 $\mu E \cdot m^{-2} \cdot s^{-1}$ kultiviert werden, sterben sie ab. Die Zellsuspension wird heller, die Pigmentsysteme werden durch Photoinhibition zerstört. Aus diesem Grund wurde graduell an jedem Tag die Photonenflussdichte beginnend mit 50 $\mu E \cdot m^{-2} \cdot s^{-1}$ auf 110 $\mu E \cdot m^{-2} \cdot s^{-1}$, 180 $\mu E \cdot m^{-2} \cdot s^{-1}$, 250 $\mu E \cdot m^{-2} \cdot s^{-1}$ und 270 $\mu E \cdot m^{-2} \cdot s^{-1}$ bis zum vierten Kultivierungstag erhöht. Während der Batch-Phase wurde einmal pro Tag Probe genommen, um die Offline-Analytik durchzuführen. Ab den vierten Tag war die Soll-Konzentration von 0,2 $g \cdot L^{-1}$ erreicht und der Turbidostat-Betrieb mit Dauerbeleuchtung unter 270 $\mu E \cdot m^{-2} \cdot s^{-1}$ wurde gestartet. In Abbildung 4.8 ist der Verlauf der

Biotrockenmassekonzentration und des Zuflusses an frischem Medium über der Kultivierungszeit dargestellt. Die ersten fünf Tage im Turbidostat-Betrieb wurden nicht zur Auswertung des Wachstums und die Produktbildung benutzt. Sie entsprachen der Anpassungszeit auf den neuen Bedingungen. Ab den 8. Kultivierungstag wurde mit der Auswertung der ersten kontinuierlichen Phase begonnen. Die Biotrockenmassekonzentration war in dieser Zeitpunkt $0,215$ g·L^{-1} und wurde bis zum Ende der ersten kontinuierlichen Phase am Tag 12 auf $0,2$ g·L^{-1} geregelt. Die spezifische Wachstumsrate betrug dabei $0,69$ d^{-1}. Einschließend wurde die zweite Phase im Turbidostat mit Hell/Dunkel-Zyklen von 25 HZ (20ms/20ms) und 540 µE·m^{-2}·s^{-1} in der Hell-Phase gestartet. Nach zwei Tage Adaptationszeit begann am Tag 14 das Zeitintervall für die Auswertung dieser Phase, die 4,5 Tage dauerte.

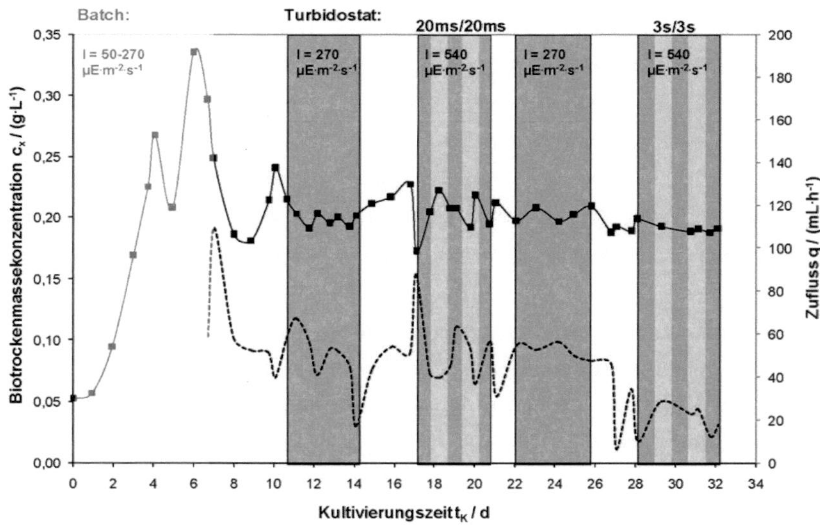

Abb. 4.8. Verlauf der Biotrockenmassekonzentration (■) und des Zuflusses (---) in Verlauf einer Kultivierung von *Porphyridium purpureum* zur Untersuchung des Einflusses von Hell/Dunkel-Zyklen mit einer Frequenz von 25 Hz (20ms/20ms) und 0,167 Hz (3s/3s). Der graue Balken zeigt die Kultivierungsintervalle unter Dauerbeleuchtung, die gestreifte Balken die kontinuierlichen Phasen unter Hell/Dunkel-Zyklen. Die Punkte zwischen den Balken wurden nicht zur Bestimmung der spezifischen Wachstumsrate berücksichtigt. Sie sind die Anpassungszeit auf den neuen Bedingungen. Dadurch wird sichergestellt, dass die Auswertung der Phasen von adaptierten Zellen kommt.

Die spezifische Wachstumsrate stieg auf 0,78 d^{-1}. Die Zellen können unter diesen schnellen Hell/Dunkel-Zyklen, das Licht für die Photosynthese besser zu nutzen als bei Dauerbeleuchtung. Die dritte Phase mit Dauerbeleuchtung wurde nach 20 Tagen Kultivierung gestartet. Die spezifische Wachstumsrate lag mit 0,76 d^{-1} höher, eventuell bedingt durch die kürzere Anpassungszeit (1,3 statt 4 Tagen). Am 22. Kultivierungstag wurde von Dauerbeleuchtung bei 270 $\mu E \cdot m^{-2} \cdot s^{-1}$ auf Hell/Dunkel-Zyklen einer Frequenz von 0,167 Hz (3s/3s) und 540 $\mu E \cdot m^{-2} \cdot s^{-1}$ in der Hell-Phase umgestellt. Die nach 2,3 Tagen Anpassungszeit gemessene spezifische Wachstumsrate sank auf 0,31 d^{-1}. Die Zellen waren unter diesem Zyklus zu langen Dunkelphasen ausgesetzt. Das absorbierte Licht während der Hell-Phase war nicht ausreichend, um die Photosynthese während der gesamten Dunkel-Phase aufrechtzuerhalten.

In jeder Kultivierung wurden zwischen drei und fünf kontinuierliche Phasen mit verschiedenen Photonenflussdichten unter Dauerbeleuchtung oder Hell/Dunkel-Zyklen nacheinander geschaltet. Um sicherzustellen, dass die Nacheinander-schaltung mehrerer kontinuierlicher Phasen keinen Einfluss auf die Antwort der Zellen hat, wurde ein Vergleich zwischen den Phasen der Dauerbeleuchtung und der Hell/Dunkel-Zyklen durchgeführt. Jeder dieser Phasen wurde je nach Kultivierung in einer unterschiedlichen Reihenfolge gestartet. Die aufgelisteten Werte in der Tabelle 4.2 zeigen, dass die spezifische Wachstumsrate während Hell/Dunkel-Zyklen von 3s/3s (0,167 Hz) Dauer gleich ist. Die Phasen unter Dauerbeleuchtung weichen maximal um 10% voneinander ab.

Tab. 4.2. Experimentell gemessene spezifische Wachstumsraten μ aus verschiedene Turbidostat-Phasen mit Dauerbeleuchtung (Frequenz = 0) und Hell-Dunkel-Zyklen. Die Reihenfolge der Turbidostat-Phasen wird mit Nummern beschrieben. 1 bedeutet erste Phase nach dem Batch-Betrieb, 2 zweite Phase usw.

I / ($\mu E \cdot m^{-2} \cdot s^{-1}$)	Frequenz / Hz	μ / d^{-1}	Turbidostat- Phase
270	0	0,69	1
270	0	0,76	3
270	0	0,73	1
540	0,167	0,31	4
540	0,167	0,31	2

Der Grund für diese Abweichung kann, wie oben schon angesprochen, an der unterschiedlichen Anpassungszeit der Zellen zwischen diesen Phasen liegen. Der Vergleich dieser Werte zeigt, dass das mehrfach nacheinander Schalten von verschiedenen kontinuierlichen Phasen, zu keine Verfälschung der Antwort der Zellen wegen Alterung oder Anpassung an die verschiedenen Lichtbedingungen geführt hat.

4.2.4.2 Verlauf der gebildeten Makromoleküle

Der Einfluss der Dauerbeleuchtung im Starklichtbereich und der Hell/Dunkel-Zyklen auf die gebildeten Makromoleküle der Rotalge wird anhand des Verlaufs des spezifischen Gehalts der Pigmente und der Polysaccharide vorgestellt. Der spezifische Gehalt wird als Menge an gebildetem Produkt pro Menge an Biomasse definiert. In Abbildung 4.9 ist der spezifische Verlauf der Pigmente Phycoerythrin und Chlorophyll a über die Kultivierungszeit aufgetragen.

Zu Beginn der Kultivierung in der Batch-Phase nahm der spezifische Gehalt beider Pigmentarten ab. Der Wert für Phycoerythrin sank von 188 $mg \cdot g^{-1}$ auf 67 $mg \cdot g^{-1}$, für Chlorophyll a von 5,7 $mg \cdot g^{-1}$ auf 3,7 $mg \cdot g^{-1}$. Dieser Abfall kam durch eine schnellere Zunahme der Biomassekonzentration gegenüber der Pigmentkonzentration während des Batch-Betriebs zustande. Die Photonenflussdichte war während der Batch-Phase im Vergleich mit der Photonenflussdichte während der Schüttelkolben-kultivierung vor dem Animpfen viel höher. Dadurch wurden pro Zelle in der Batch-Phase weniger Pigmente benötigt, um das Wachstum aufrecht zu erhalten. Während der ersten kontinuierlichen Phase unter Dauerbeleuchtung mit 270 $\mu E \cdot m^{-2} \cdot s^{-1}$ nahm der spezifische Gehalt leicht zu. Die Werte lagen am Beispiel von Phycoerythrin bei etwa 60 $mg \cdot g^{-1}$ am Anfang und 70 $mg \cdot g^{-1}$ am Ende dieser Phase. Bei der nächsten kontinuierlichen Phase mit Hell/Dunkel-Zyklen von 25 Hz (20ms/20ms) wurde keine Veränderung an dem spezifischen Gehalt der Pigmente beobachtet. Die Werte lagen zwischen 75 $mg \cdot g^{-1}$ und 60 $mg \cdot g^{-1}$ und damit in der gleichen Größenordnung wie während der Dauerbeleuchtung. Deutlich zu erkennen war die Zunahme des spezifischen Gehalts bei den langsameren Zyklen von 0,167 Hz (3s/3s) Dauer. Für Phycoerythrin stieg der spezifische Gehalt auf einen Wert von bis zu 126 $mg \cdot g^{-1}$ und für Chlorophyll a auf 6 $mg \cdot g^{-1}$. Die Zellen reagierten damit auf die langen Dunkel-phasen, auf die sie ausgesetzt waren. Dies zeigt, dass die Zellen in diesen kontinuierlichen Phasen unter Lichtlimitierung wuchsen.

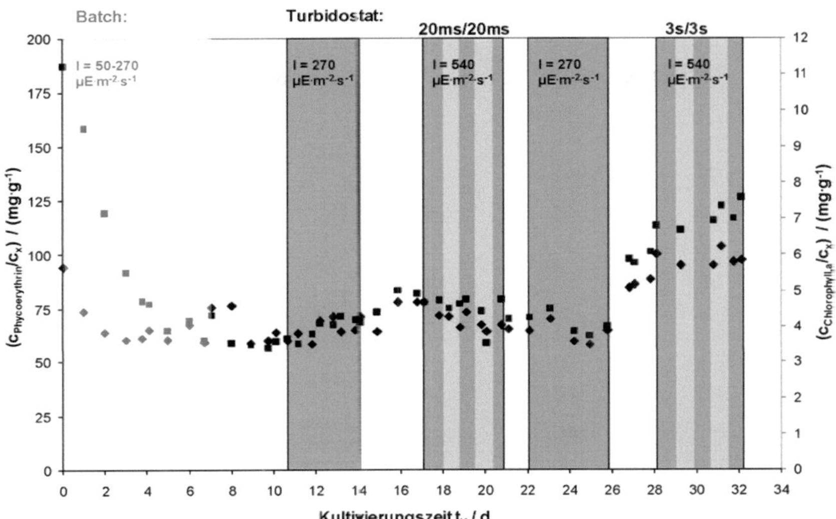

Abb. 4.9. Verlauf des spezifischen Gehalts der Pigmenten Phycoerythrin (■) und Chlorophyll,a (◆) während der fünf Phasen der Kultivierung zur Untersuchung des Einflusses von Hell/Dunkel-Zyklen mit einer Frequenz von 25 Hz (20ms/20ms) und 0,167 Hz (3s/3s) (gestreifte Balken) gegenüber Dauerbeleuchtung (graue Balken) im Starklicht (PFD = 270 $\mu E \cdot m^{-2} \cdot s^{-1}$). Die Punkte zwischen den Balken wurden nicht zur Bestimmung der spezifischen Wachstumsrate berücksichtigt. Sie entsprechen die Anpassungszeit auf die neuen Bedingungen.

Eine weitere Gruppe von Makromolekülen, die von der Rotalge gebildet werden, sind die Polysaccharide. In Abbildung 4.10 ist der Verlauf der an der Zellwand gebundenen Polysaccharide und der freien Polysaccharide aufgetragen. Während der Batch-Phase nahmen beide spezifischen Gehalte ab. In dieser Phase stieg die Biomassekonzentration, ähnlich wie bei den Pigmenten, stärker als die Polysaccharidkonzentration. Nach etwa fünf Kultivierungstagen wurde ein Soll-Wert erreicht und unabhängig von den Lichtbedingungen während des Turbidostat-Betriebs konstant gehalten. Unter diesen Bedingungen war der spezifische Gehalt an gebundenen Polysacchariden etwa $0{,}1 g \cdot g^{-1}$ und $0{,}039\ g \cdot g^{-1}$ für die freien Polysaccharide. Dieses Verhalten wurde bereits in früherer Arbeiten festgestellt und als Produkt-Sensing beschrieben [27]. Die Einflüsse auf die Bildungskinetik werden in einem weiteren Abschnitt näher beschrieben.

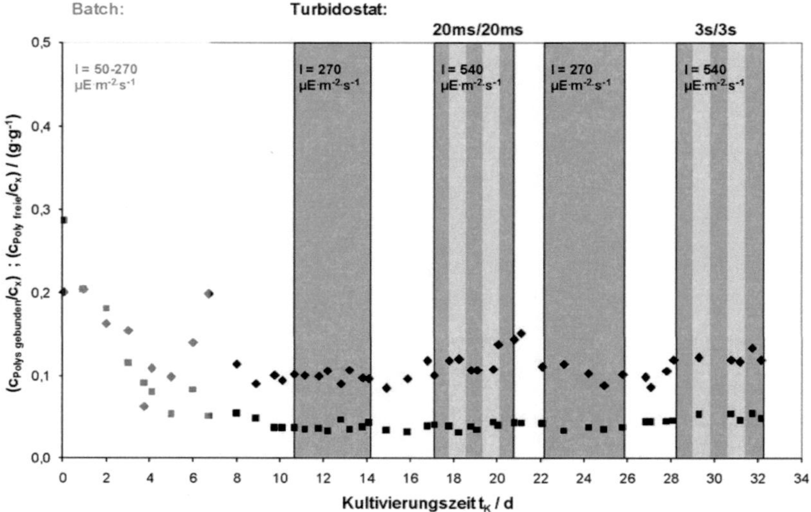

Abb. 4.10. Verlauf des spezifischen Gehalts der freien Polysaccharide (■) und gebundene Polysaccharide (♦) während der fünf Phasen der Kultivierung zur Untersuchung des Einflusses von Hell/Dunkel-Zyklen mit einer Frequenz von 25 Hz (20ms/20ms) und 0,167 Hz (3s/3s) (gestreifte Balken) gegenüber Dauerbeleuchtung (graue Balken) im Starklicht (PFD = 270 $\mu E \cdot m^{-2} \cdot s^{-1}$).

4.2.4.3 Ergebnisse der Kultivierungen im Sekunden- und Millisekundenbereich

Insgesamt wurden fünf unterschiedliche Hell/Dunkel-Zyklen im Turbidostat-Betrieb untersucht. Im Sekundenbereich wurden gleichdauernde H/D-Zyklus von 3s/3s gefahren. In Millisekundenbereich wurden schnelle Zyklen mit gleichen Hell/Dunkel-Phasen von 20 ms, 10 ms und 5 ms eingestellt. Der Einfluss einer längeren Dunkel-Phase gegenüber der Hell-Phase wurde mit einem Zyklus untersucht, in dem die Hell-Phase 10 ms und die Dunkel-Phase 60 ms dauerten. In Tabelle 4.3 sind die entsprechenden Frequenzen der Zyklen zur Phasendauer aufgelistet.

Tab 4.3. Umrechnung zwischen der Dauer der untersuchten Hell/Dunkel-Zyklen im Turbidostat-Betrieb und der entsprechenden Frequenzen. Alle Zyklen wurden durch elektrische Steuerung der Leuchtdioder eingestellt. In der rechten Spalte ist die eingestellte Lichtintensität während der Hell-Phase aufgelistet. Die Phase unter Dauerbeleuchtung wurde mit 270 $\mu E\cdot m^{-2}\cdot s^{-1}$ gefahren.

Dauer der H/D-Phasen	Frequenz / Hz	Lichtintensität / ($\mu E\cdot m^{-2}\cdot s^{-2}$)
3s/3s	0,167	540
10ms/60ms	14,3	1940
20ms/20ms	25	540
10ms/10ms	50	540
5ms/5ms	100	540

In Abbildung 4.11 sind alle ermittelten spezifischen Wachstumsraten in Abhängigke t der Frequenzdauer aufgetragen.

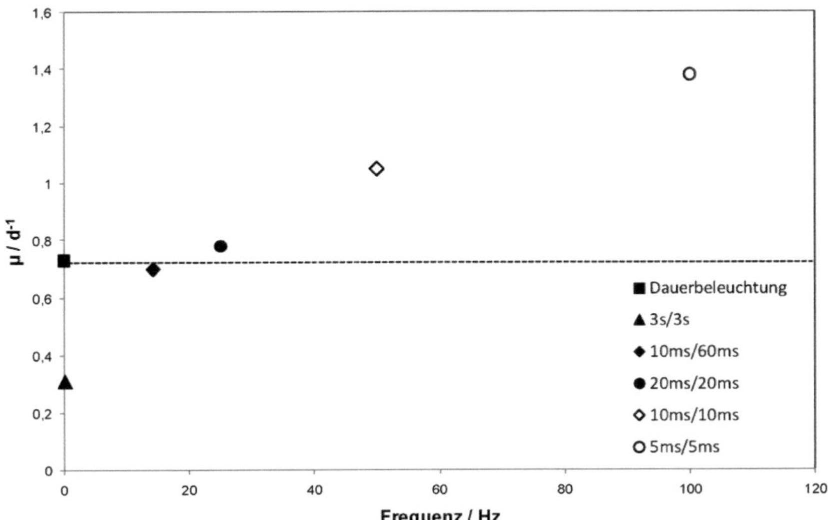

Abb. 4.11. Verlauf der spezifischen Wachstumsrate von *Porphyridium purpureum* im Turbidostat-Betrieb unter Dauerbeleuchtung im Starklicht (0 Hz, 270 $\mu E\cdot m^{-2}\cdot s^{-1}$) und Hell/Dunkel-Zyklen mit zunehmender Frequenz von 0,167 Hz bis 100 Hz. Die Ergebnisse stammen aus Kultivierungen, die unter identische Bedingungen durchgeführt wurden.

Die spezifische Wachstumsrate nahm mit zunehmender Frequenz der Zyklen zu. Im Vergleich zur Dauerbeleuchtung wurde erst ab 25 Hz die spezifische Wachstumsrate höher. Die maximal erreichte spezifische Wachstumsrate war mit 1,38 d^{-1} 1,89-Mal höher als die Wachstumsrate bei Dauerbeleuchtung. Die geringste Wachstumsrate wurde unter Zyklen mit 0,167 Hz mit 0,31 d^{-1} gemessen. Sie lag um einen Faktor 2,35 unterhalb der Wachstumsrate bei Dauerbeleuchtung. Unter Zyklen mit 14,3 Hz wuchsen die Zellen gleich schnell als bei Dauerbeleuchtung. Der Verlauf der Kurve zeigt keinen linearen Zusammenhang zwischen der spezifischen Wachstumsrate und der Zyklenfrequenz, sondern eher den einer Sättigungs-Funktion.

Der Verlauf der spezifischen Bildungsrate des Pigments Phycoerythrin in Abhängigkeit von der Frequenz in Abbildung 4.12 zeigt eine ähnliche Tendenz wie die spezifische Wachstumsrate der Rotalgen.

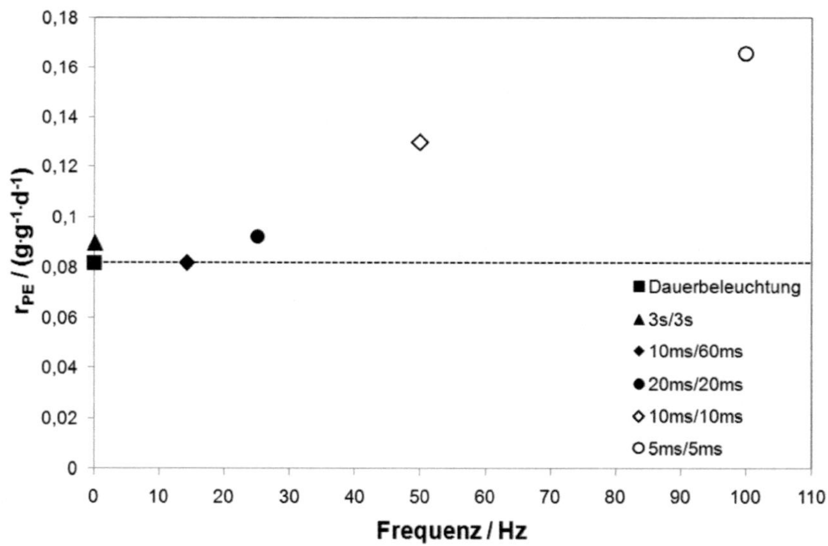

Abb. 4.12. Verlauf der spezifischen Bildungsrate des Pigments Phycoerythrin im Turbidostat-Betrieb unter Dauerbeleuchtung im Starklicht (0 Hz, 270 $\mu E \cdot m^{-2} \cdot s^{-1}$) und der durchgeführten Kultivierungen unter Hell/Dunkel-Zyklen mit zunehmender Frequenz von 0,167 Hz bis 100 Hz.

Die Bildungsrate nahm ab 25 Hz mit der Frequenz der Hell/Dunkel-Zyklen zu. Die maximale Bildungsrate bei 100 Hz war mit 0,173 $g \cdot g^{-1} \cdot d^{-1}$ 3,7-fach höher als im

Dauerbeleuchtung. Die Bildungsrate bei 0,167 Hz (3s/3s Zyklus) war mit 0,04 $g \cdot g^{-1} \cdot d^{-1}$ ähnlich wie unter Dauerbeleuchtung, obwohl die spezifische Wachstumsrate halb so hoch war. Dieses Verhalten ist auf ein Wachstum unter Lichtlimitierung zurückzuführen, bedingt durch die lange Dunkelphase von 3s.

In den Abbildungen 4.13 und 4.14 werden die Zusammenhänge zwischen der Frequenz der Zyklen und der spezifischen Bildungsraten der freien und gebundenen Polysaccharide aufgetragen. Der Verlauf einer Sättigungsfunktion kommt wieder vor. Eine Abweichung an der spezifischen Bildungsrate von beiden Polysaccharidarten war bei dem Zyklus unter 14,3 Hz (10ms/60ms) zu beobachten. Die Bildungsrate an freie Polysaccharide war leicht höher als im Dauerbeleuchtung und deutlich niedriger für die gebundenen Polysaccharide. Der spezifische Gehalt an freie Polysaccharide war unter 14,3 Hz mit 0,064 $g \cdot g^{-1}$ höher als bei Dauerbeleuchtung (0,053 $g \cdot g^{-1}$). Der spezifische Gehalt an gebundene Polysaccharide war mit 0,124 $g \cdot g^{-1}$ niedriger als bei Dauerbeleuchtung (0,162 $g \cdot g^{-1}$). Bei allen anderen Zyklen blieb der Verlauf des spezifischen Gehaltes gleich der bei Dauerbeleuchtung.

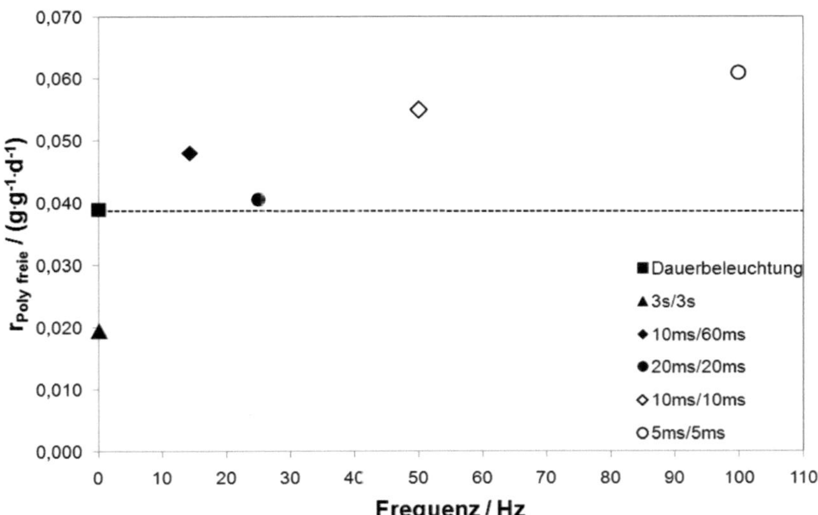

Abb. 4.13. Verlauf der spezifischen Bildungsrate der im Medium gelöste Polysaccharide im Turbidostat-Betrieb unter Dauerbeleuchtung im Starklicht (0 Hz, 270 $\mu E \cdot m^{-2} \cdot s^{-1}$) und der durchgeführten Kultivierungen unter Hell/Dunkel-Zyklen mit zunehmender Frequenz von 0,167 Hz bis 100 Hz.

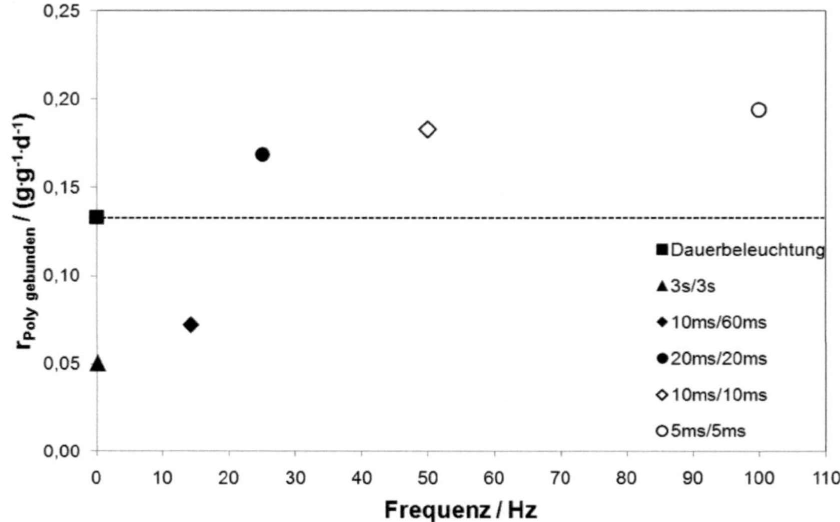

Abb. 4.14. Verlauf der spezifischen Bildungsrate der an der Zellwand gebundene Poly
saccharide im Turbidostat-Betrieb unter Dauerbeleuchtung im Starklicht (0 Hz, 270 μE·m^{-2}·s^{-1})
und der durchgeführten Kultivierungen unter Hell/Dunkel-Zyklen mit zunehmender
Frequenz von 0,167 Hz bis 100 Hz.

Im Anhang B sind die Verläufe der spezifischen Bildungsrate der intrazelluläre
Polysaccharide (Bild B5), Proteine (Bild B6) und Chlorophyll a (Bild B7) dargestellt.
Sie zeigen ähnliche Tendenzen wie die oben beschrieben und werden hier nicht
näher eingegangen.

4.3 Produkt-Sensing-Verhalten der Mikroalge *P. purpureum*

In früheren Arbeiten am Institut für Bio- und Lebensmitteltechnik [27; 73] wurde
beobachtet, dass sich während der Kultivierungen von *Porphyridium purpureum*
unter verschiedenen Bedingungen und in unterschiedlichen Photobioreaktoren (30 L
Rohrreaktor, 3,5 L und 10 L Rührkesselreaktor, Schüttelkolben) gleiche Verläufe des
spezifischen Gehalts an freien Polysacchariden einstellten. Sowohl der Gehalt an im
Medium gelösten Polysacchariden als auch der Gehalt an gebundenen, freien und
intrazellulären Polysacchariden zeigten diese Tendenz. Sie wurde in dieser Arbeit bei
Kultivierungen unter Starklicht wiedergegeben und bestätigt (siehe Abbildung 4.10).
Sie zeigt, dass die Zellen eine bestimmte Konzentration an Polysacchariden je nach

Zellkonzentration anstreben. Der absolute Wert des spezifischen Gehalts ist von den Kultivierungsbedingungen abhängig. Es wurde festgestellt, dass die Zellen die Produktion an freien Polysacchariden stoppen, wenn diese Konzentration im Medium erhöht wird. Im Gegesatz, wird die Konzentration an freien Polysacchariden reduziert, kommt es zu einer Erhöhung der Bildung der freien Polysaccharide [27]. Die Zellen sind also in der Lage, die Polysaccharidkonzentration im Medium wahrzunehmen und ihre Produktion entsprechend einzustellen. Dieses Verhalten wurde damals als Produkt-Sensing definiert. Der biologische Regulationsmechanismus konnte zu jener Zeit nicht entschlüsselt werden. Ziel dieser Arbeit war zum einen das Produkt-Sensing-Verhalten der Mikroalge zu bestätigen und zu quantifizieren. Dafür wurden Kultivierungen in Batch- und kontinuierlichem Betrieb durchgeführt, in denen die Konzentration an freien Polysacchariden erhöht oder erniedrigt wurde. Ein optimales Verfahren zu kontinuierliche Abtrennung der Polysaccharide mit hohen Ausbeuten wurde etabliert. Zum anderen wurden erste Informationen über das Erkennungsmechanismus der Polysaccharidkonzentration im Medium mittels Signalmolekülen gewonnen.

4.3.1 Polysaccharid-Abtrennung

Um die Untersuchungen zum Produkt-Sensing-Verhalten von *Porphyridium purpureum* fortzuführen, sollte die Abtrennung der gelösten Polysaccharide von den Zellen verbessert werden. Die Anforderungen an das Trennverfahren waren eine hohe Ausbeute von mehr als 50% Polysaccharide im Filtrat gegenüber der Anfangslösung, kontinuierliche Abtrennung mit einer Zellruckführung von über 80%, steriler Betrieb und keine Zellschädigung durch mechanische Beanspruchung. Der Grund für diese Anforderungen war, dass die Polysaccharidabtrennung während einer Kultivierung im kontinuierlichen Betrieb nach Beendigung der ersten kontinuierlichen Phase bei identischen Bedingungen in einer zweiten kontinuierlichen Phase durchgeführt werden sollte. Wenn die Konzentration der im Medium gelösten Polysaccharide in kürzerer Zeit durch die Abtrennung stark reduziert werden kann, wird eine deutliche Antwort der Zellen auf diese Veränderung erwartet. Das Abtrennungsprinzip und Ergebnisse der getesteten Abtrennverfahren werden in den nächsten Abschnitten gezeigt.

<u>Röhrenzentrifuge</u>

Röhrenzentrifugen gehören zum Trenntyp der Sedimentationszentrifugen bzw. Überlaufzentrifugen. Sie werden zur Klärung von Flüssigkeiten oder zur Abtrennung biologischer Massen mit sehr geringer Dichtedifferenz zur umgebenden Flüssigkeit eingesetzt. Der zu trennende Flüssigkeitsstrom wird von unten in einen rotierenden, röhrenförmigen Zylinder eingebracht. Durch die Rotation entstehen Zentrifugalkräfte, die auf die Zellsuspension wirken und einer Trennung, je nach Dichte, von Außen nach Innen ermöglicht. Die getestete Röhrenzentrifuge, eine CEPA-Schnellzentrifuge der Firma Padberg, war mit einem Rotor für eine kontinuierliche Betriebsweise ausgestattet. Die Zellsuspension wurde von unten in den rotierenden Zylinder gepumpt. An der Oberseite des Rotors wurden der Klarlauf und das Konzentrat durch jeweils eine spezielle Bohrung ausgeleitet und in zwei separaten Ausläufen aus der Zentrifuge geleitet. Der Klarlauf sollten möglichst nur Medium und Polysaccharide enthalten, während im Konzentrat die meisten Zellen wieder-gefunden werden sollten. Eine Versuchsreihe mit je ein Liter Zellsuspension wurde durchgeführt, bei der verschiedene Zulaufvolumenströme und Rotordrehzahlen eingestellt wurden. Tabelle 4.4 zeigt die Ergebnisse zur Abtrennung der Poly-saccharide in dem Klarlauf.

Tab 4.4. Abtrennung der Polysaccharide mit der Röhrenzentrifuge CEPA-Schnellzentrifuge der Firma Padberg aus sieben Experimenten mit unterschiedlichen Rotordrehzahlen und Verweilzeiten je nach Eingangsvolumenstrom der Zellsuspension pro Durchgang. Die Polysaccharidkonzentration wurde mit der Phenol-Schwefelsäure-Methode bestimmt.

	Einstellungen		Abtrennung der Polysaccharide im Klarlauf	
	Rotordrehzahl (rpm)	**Verweilzeit[1] (s)**	**Verhältnis** $V_{Klarlauf} / V_{Konzentrat}$	**Ausbeute an Polysacchariden im Klarlauf[2] (%)**
1	8000	17,4	0	0
2	8000	9,8	0,23	17,4
3	4000	28,4	0,007	0,4
4	4000	21,6	0,07	4,6
5	4000	17,4	0,44	19,3
6	4000	14,6	0,41	19,3
7	2000	28,4	0,09	8,2

$$(1) \quad \tau = \frac{V}{\dot{V}} \; ; \; V \, (L) = \text{Füllvolumen des Rotors;} \; \dot{V} \, (L \cdot s^{-1}) = \text{Zulaufvolumenstrom}$$

$$(2) \quad AB \, (\%) = \frac{m_{PS,Klarlauf} \cdot 100}{m_{PS,Feedlösung}} \; ; \; m_{PS} \, (g) = \text{Masse an Polysaccharide}$$

Bei allen getesteten Einstellungen war die Konzentration der Polysaccharide im Klarlauf gleich der Konzentration in der Feedlösung und im Konzentrat. Die Abtrennung der Polysaccharide im Klarlauf war mit der Röhrenzentrifuge maximal. Die Ausbeute an Polysacchariden hing allein von den Volumenverhältnis $V_{Klarlauf}$ / $V_{Konzentrat}$ ab. Die Einstellungen mit dem größten Klarlaufvolumen (2, 5, 6 in Tabelle 4.4) hatten mit 17,4%, 19,3% und 19,3% die beste Ausbeute an Polysacchariden. Allerdings lagen sie unterhalb des gewünschten Wertes von über 50%. Die Zellrückführung war bei diesen Einstellungen mit 13,8% (2), 25,4% (5) und 43,5% (6) sehr gering. Eine hohe Zellhaftung am inneren Rotor wurde festgestellt. Um eine ausreichende Menge an Polysacchariden abzutrennen, müsste der Reaktorinhalt mehrfach durch die Röhrenzentrifuge gepumpt werden. Der Verlust an Zellen wäre zu hoch. Demnach war dieses Trennverfahren für den kontinuierlichen Betrieb zur Polysaccharidabtrennung mit gleichzeitiger Zellrückführung nicht geeignet.

<u>Querstromfiltration</u>

Bei der Querstromfiltration werden Partikel und gelöste Moleküle je nach Molekulargewicht und Größe aus dem Medium getrennt. Dabei wird die Zellsuspension in das Filtrations-Modul gepumpt und strömt quer zur Filtrationsmembran. Durch eine Drosselung am Ausgang der Säule entsteht eine Transmembrane Druckdifferenz, die die treibende Kraft der Filtration darstellt. Ein Teil der Zellsuspension wird quer zur Durchströmung durch die Membran filtriert. Gleichzeitig wird durch die Durchströmung der Aufbau eines Filterkuchens, der zur Verblockung der Membran führen kann, vermieden. Eine geringe Deckschicht wird trotzdem gebildet und determiniert den Filtratfluss. Partikeln, die kleiner als der cutt-off der Membran sind, passieren sie und sind im Filtrat wiederzufinden. Größere Partikel werden von der Membran zurückgehalten und verlassen das Modul. Sie bilden das Retentat. In unserem Fall sollte das Filtrat aus Polysacchariden und Medium bestehen und das Retentat aus Zellen, Medium und dem restlichen Anteil an Polysacchariden.

Mehrere Querstromfiltrationsmodule mit unterschiedlichen cut-offs wurden getestet. In Tabelle 4.5 sind die Abmessungen und das Membranmaterial der verwendeten Module dargestellt.

Tab 4.5. Abmessungen und Material der Membranen der verwendeten Mikro- und Ultrafiltrationsmodule (300 kDa). UHMW-PE ist die Abkürzung für ultrahochmolekulares Polyethylen.

	Porengröße	Membran-material	Filterfläche (m^2)	Innendurchmesser Hohlfaser (mm)	Länge (cm)
1	300 kDa	Polysulfon (hydrophob)	0,0016	1	30,8
2	0,45 µm	Polysulfon (hydrophob)	0,0016	1	30,8
3	1 µm	UHMW-PE (hydrophil)	0,033	5	75
4	1,2 µm Versapor	Acrylic Copolymer (hydrophil)	0,00081	-	9
5	3 µm Versapor	Acrylic Copolymer (hydrophil)	0,00081	-	9
6	3 µm VersaporR	Acrylic Copolymer (hydrphob)	0,00081	-	9

Das Ultrafiltrationsmodul mit 300 kDa cut-off und das 0,45 µm Mikrofiltrationsmodul waren von der Firma GE Healthcare, das 1 µm Modul von der Firma MICRODYN-NADIR. Es handelte sich dabei um autoklavierbare Hohlfaser-Module. Modul 1 und 2 in der Tabelle 4.5 waren mit 2 Fasern, Modul 3 mit 3 Fasern ausgestattet. Um die Abtrennung der Polysaccharide von Membranen mit einem cut-off > 1 µm zu untersuchen, wurde ein Filtrations-Modul selbst hergestellt. Es bestand aus zwei Polymethylmethacrylat (Plexiglas) Platten mit drei Durchflusskanälen. Die Membranen wurden zwischen die Platten gelegt. Die Platten wurden mit Schrauben befestigt und durch einen O-Ring abgedichtet. Der Bau eines solchen Filtrationsmoduls war notwendig, da keine käuflichen Module mit cut-offs ab 1,2 µm im Labormaßstab angeboten wurden. Die Membranen bis zur 3 µm (Modul 4, 5 und 6) stammten von der Firma Pall.

Aus Tabelle 4.6 können die eingestellten Parameter der durchgeführten Filtrationen entnommen werden. Der Einfluss von der transmembranen Druckdifferenz, der Durchströmungsgeschwindigkeit und der Porengröße der Membran auf die Abtrennung der Polysaccharide mittels Querstromfiltration wurde mit diesen Experimenten untersucht.

Tab 4.6. Technische Charakterisierung der Filtrationsversuche zur Abtrennung der Polysaccharide gelöst im Medium von den Zellen. Aufgelistet sind: Eingangsdruck in der Säule p_{ein}; Ausgangsdruck p_{aus}; Transmembrane Druckdifferenz TMP; Durchströmungsgeschwindigkeit v; Filtratfluss auf die Filterfläche bezogen J; Durchlässigkeit der Membran für Polysaccharide: $D_{PS}\,(\%) = \dfrac{c_{PS,Filtrat}}{c_{Ps,Feed}}$.

Modul	$p_{\ddot{U}ein}$ (bar)	$p_{\ddot{U}aus}$ (bar)	TMP (bar)	v (m·s⁻¹)	J (L·m²·h⁻¹)	Durchlässigkeit PS %
1	1,5	1,1	1,3	2	22,8	15,2
	1,5	1,2	1,35	0,38	40	10,3
2	1,3	1	1,15	0,38	18,7	5,6
3	1,4	0,9	1,15	0,9	11,2	15,2
	1,4	0,9	1,15	0,09	10,4	31,3
4	1,6	1,1	1,35	1	93,3	47,8
5	1,6	1,1	1,35	1	120,1	72,7
	2	1,8	1,9	1	94,4	81
6	1,6	1,1	1,35	1	130,8	65,2

Die eingestellte transmembrane Druckdifferenz (TMP) lag zwischen 1,15 und 1,35 bar. Einzige Ausnahme war eine Filtration mit der 3 µm Versapor-Membran im selbst hergestellten Modul, in der eine transmembrane Druckdifferenz von 1,9 bar eingestellt wurde. Mit der Erhöhung der TMP von 1,3 bar auf 1,9 bar und gleichbleibender Durchströmungsgeschwindigkeit (v = 1 m·s⁻¹) konnte in dieser Membran die Durchlässigkeit für Polysaccharide von etwa 73% auf 81% erhöht werden. Der Filtratfluss dagegen nahm von 120 1 L·m²·h⁻¹ auf 94,4 L·m²·h⁻¹ ab. Die Strömungsgeschwindigkeit war konstant, die Deckschichtabtragung sollte dadurch gleich bleiben. Durch die Erhöhung der TMP konnten mehr Polysaccharide durch die Membran durchtreten, gleichzeitig fand eine Komprimierung der Deckschicht statt, die zu einer Reduzierung des Filtratflusses führte. Im Modul 3 mit einer 1 µm Membran führte eine Erhöhung der Durchströmungsgeschwindigkeit bei gleich bleibender TMP zu einer leichte Erhöhung des Filtratflusses. Ein höherer Anteil der Deckschicht konnte durch die schneller strömende Suspension abgetragen werden. Unerwartet war die Abnahme der Durchlässigkeit der Membran auf die Hälfte, da durch die Reduzierung der Deckschicht der Kuchenwiderstand kleiner werden sollte. Die abzutrennenden Polysaccharide haben ein Molekulargewicht von $2{,}3 \cdot 10^6$ g·mol^{-1} was einer relativen globulären Molekülmasse von 2300 kDa entspricht. Die Zellen haben eine Größe von 4 µm bis 8 µm. Der Einsatz eines Querstromfiltrationsmoduls mit 1 µm Membran sollte eine gute Abtrennung zwischen Zellen und Polysacchariden mit einer hohen Durchlässigkeit an Polysacchariden ermöglichen. Die gewonnenen Ergebnisse mit diesem Modul (Nummer 3 in Tabelle 4.6) zeigten, dass die Trennung der Zellen erfolgreich war (keine Zellen waren im Filtrat angelangt), allerdings war die Durchlässigkeit für Polysaccharide mit 15% und 31% gering. Die gebildete Deckschicht in der Membran wurde durch Rückspülen der Membran gewonnen und untersucht. Insgesamt konnten 55% der Polysaccharide durch Rückspülung aus der Deckschicht herausgespült werden. Weitere 20% wurden nicht wiedergefunden, was bedeutet, dass sich insgesamt 75% der Polysaccharide an der Membran abgelagert hatten. Wahrscheinlich legten sich die Polysaccharide über die Poren. Eine hohe Ablagerung an Zellen (55% der Anfangsmenge) an der Membran wurde nach-gewiesen. Ein Grund für die starke Anhaftungen in diesem Modul könnte entweder die Membranstruktur oder die Materialeigenschaften der Membran sein. Um dies zu überprüfen wurde bei der Filtration mit der 300 kDa Membran (zweite Zeile von Modul 1 in Tabelle 4.6) die Deckschicht gewonnen und untersucht. Nur 2,7% der Polysaccharide und 6,5% der Zellen der Feedlösung befanden sich in der Deckschicht. Das Membranmaterial der 300 kDa Säule war Polysulfon. Polyethylen und Polysulfon sind beide hydrophobe Materialien. Nur beim 1 µm Modul starke Anhaftung nachgewiesen. Damit wurde die hydrophobität der Membran als der Grund für die Anhaftungen ausgeschlossen. Die Membranstruktur war eher der ausschlaggebenden Faktor für die starken Anhaftungserscheinungen dieser Modul.

Die Ergebnisse der Abtrennung von Polysaccharide mit dem selbsthergestellten Modul zeigten, dass die Durchlässigkeit der getesteten Membrane mit der Poren-größe zunimmt. Die Vesapor Membran mit 1,2 µm Porengröße (Modul 4 in Tabelle 4.6) hatte mit 48% eine höhere Durchlässigkeit an Polysaccharide als das 1 µm Modul. Die beste Membran war die 3 µm Versapor mit bis zu 81% Durchlässigkeit für Polysaccharide. Die gebildete Deckschicht in dieser Membran wurde auch untersucht. 12% der Polysaccharide und 7% an Zellen aus der Feedlösung (siehe Tabelle 4.7) wurden in der Deckschicht gemessen. Diese Werte waren viel geringer als die Anhaftung in der 1 µm Membran. Das Material der 3 µm Versapor Membran ist hydrophil. Die hohen Verluste der 1 µm Membran müssten auf eine Kombination von hydrophoben Material und Oberflächenstruktur der Membran zurückzuführen sein.

Tab 4.7. Ergebnisse der Untersuchung der Deckschichtzusammensetzung aus drei der getesteten Module. Verlust (%) = $\dfrac{m_{i,Deckschicht}}{m_{i,Feedlösung}}$

	Verlust an Polysaccharide an der Membran %	Verlust an Zellen an der Membran %
300 kDa Modul	- 2,7	- 6,5
1 µm Modul	- 75	- 55
3 µm Modul	- 12	- 7

Diese Untersuchungen zeigten, dass das geeignetste System zur kontinuierlichen Abtrennung von Polysacchariden aus der Zellsuspension mit hohen Ausbeuten eine Versapor Membran mit 3 µm Porengröße ist. Die Durchlässigkeit für Zellen ist gleich Null und für Polysaccharide mit 81% sehr hoch.

Der auf die Filtratfläche bezogene Filtratfluss J liegt für diese Membran für 81% Durchlässigkeit bei 94,4 $L \cdot m^{-2} \cdot h^{-1}$. Dies entspricht einen Filtratvolumenstrom von 0,0765 $L \cdot h^{-1}$. Für eine schnelle Abnahme der Konzentration an Polysacchariden gelöst im Medium mit diesem Modul müsste der Filtratvolumenstrom erhöht werden. Wenn gewünscht wird, dass innerhalb von zwei Stunden die Polysaccharidkonzentration im Reaktor um die Hälfte absinkt, sollte der Filtratvolumenstrom 0,805 $L \cdot h^{-1}$ betragen. Die Filtratfläche sollte um das 10-fache auf 0,0085 m^2 erhöht werden. Die Bilanzierung und Randbedingungen für diese Berechnung sind im Anhang B dargestellt. Die Anzahl, Länge und Breite der Kanäle im selbsthergestellten Modul könnten verändert werden, um die gewünschte Filtratfläche zu erreichen. Eine Möglichkeit wäre die Breite der Kanäle auf 6 mm zu verdoppeln, die Länge sollte auf 1,4 m höher werden und die Anzahl an Kanäle müsste auf 10 statt 3 kommen. Die

Fertigung eines solchen Moduls wurde nicht bis zum Zeitpunkt der Beendigung dieser Arbeit verwirklicht. Ein Scale-Up mit den gleichen Materialien und Geometrie wäre schwer zu realisieren. Das neue Platten-Modul würde sehr schwer und unhandlich werden. Der Vorteil von Hohlfaser-Modulen statt Platten-Modulen wird hier deutlich. Bei einer vorgegeben Länge kann die Filtratfläche durch Erhöhung der Anzahl und des Durchmessers der Hohlfasern schnell erhöht werden. Eine kompakte Ausführung des Filtrationsmoduls ist möglich.

4.3.2 Kultivierungen mit Querstromfiltration

Ziel der Kultivierungen war es, den Einfluss der Abnahme der Konzentration an Polysacchariden im Medium mittels Querstromfiltration auf das Wachstum und die Polysaccharidbildung zu untersuchen. Sie wurden in unterschiedlichen Reaktoren durchgeführt, einmal im BE-1 und im GBF-Reaktor. Die einzelnen Reaktoren und die Kultivierungsbedingungen sind in Tabelle 4.8 beschrieben.

Tab 4.8. Charakterisierung der eingesetzen Reaktoren für die Kultivierungen mit Querstromfiltration und die Kultivierungsbedingungen.

	GBF-Reaktor Kultivierung 1	GBF-Reaktor Kultivierung 2	BE-1
Arbeitsvolumen	8 L	7 L	1,5 L
Oberfläche/Volumen	24 m^{-1}	24 m^{-1}	30 m^{-1}
PFD	100 µE·m^{-1}·s^{-1}	25 µE·m^{-1}·s^{-1}	100 µE·m^{-1}·s^{-1}
Begasungsrate **CO$_2$ Anteil**	300 mL·min^{-1} 2%	300 mL·min^{-1} 2%	5 L·min^{-1} 0,05%
pH	7,6	7,6	7,6
Temperatur	20°C	20°C	20°C
rpm	130	120	150

Ziel der Kultivierung 1 im GBF-Reaktor war, den Einfluss der Abnahme der Konzentration an Polysacchariden mit der Querstromfiltration auf das Wachstum und die Polysaccharidbildung zu untersuchen. Der Einfluss auf die Polysaccharid-produktion durch den mechanischen Stress, dem die Zellen während der

Querstromfiltration ausgesetzt sind, wurde mit Kultivierung 2 im GBF- und im BE-1-Reaktor überprüft. Der Verlauf der Kultivierungen mit Einsatz der Querstromfiltration entsprach dem Muster der Kultivierungen zur Untersuchung von Hell/Dunkel-Zyklen im Starklichtbereich. In Abbildung 4.15 wird der Verlauf der Biotrockenmassekonzentration und des Zuflusses für den Kontinuierlichen Betrieb ohne und mit Querstromfiltration anhand von Kultivierung 1 im GBF-Reaktor exemplarisch für alle drei Kultivierungen dargestellt.

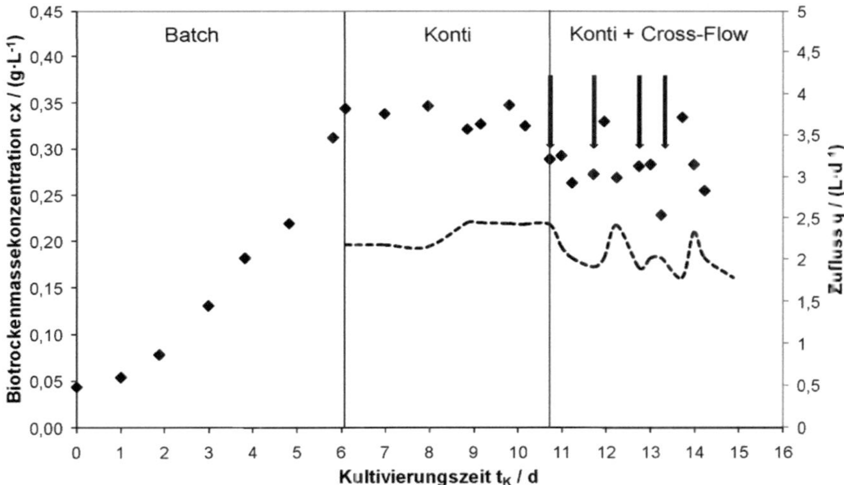

Abb. 4.15. Verlauf der Biotrockenmassekonzentration (◆) und des Zuflusses (---) im Verlauf der Kultivierung 1 im GBF-Reaktor mit *Porphyridium purpureum* mit Einsatz einer Querstromfiltration mit einer 1 µm-Membran in der zweiten kontinuierlichen Phase. Die Pfeile zeigen die Tage an, an denen die Filtration gestartet wurde.

Die Reaktoren wurden mit Zellsuspension (10vol% vom Reaktorvolumen) angeimpft und im Batch gefahren, bis die Biotrockenmassekonzentration einen Wert von etwa 0,2 g·L^{-1} erreichte. Ab diesen Zeitpunkt wurde der kontinuierliche Betrieb gestartet. Der eingestellte Zuflussstrom wurde aus der spezifischen Wachstumsrate während der Batch-Phase berechnet. Nach etwa fünf bis sieben Tagen nachdem die erste kontinuierliche Phase gestartet wurde, begann die zweite Phase, in der eine Querstromfiltration im Reaktor steril eingeschlossen und gestartet wurde. Bild B9 im Anhang zeigt die schematische Darstellung des Reaktors samt Peripherie und Querstromfiltration. Das Filtrat wurde in einer Flasche gesammelt und der

Volumenstrom an frisches Medium für den Kontinuierlichen Betrieb wurde während der Filtration um den Filtratvolumenstrom erhöht. Damit wurde eine Aufkonzentrierung des Reaktorinhalts vermieden.

Im GBF-Reaktor wurden 2 verschiedene Module verwendet. In Kultivierung 1 kam das Modul mit der 1 µm Membran zum Einsatz. In Kultivierung 2 wurden zwei Module mit einer Membran von 0,45 µm Porengröße benutzt. Für die Kultivierung im BE-1 wurde ein 10 kDa Filtrationsmodul verwendet. Die Charakterisierung der Filtration während der Kultivierungen ist in Tabelle 4.9 aufgestellt.

Tab 4.9. Charakterisierung der Filtrationen durchgeführt während der zweiten kontinuierlichen Phase im Chemostat-Betrieb. J = Filtratfluss auf die Filterfläche bezogen; Durchlässigkeit der Membran für Polysaccharide:

$$D_{PS} \, (\%) = \frac{c_{PS,Filtrat}}{c_{PS,Reaktor}} \cdot 100 \; ; \; \text{Ausbeute an PS im Filtrat} \, (\%) = \frac{m_{PS,Filtrat}}{m_{PS,Reaktor}} \cdot 100$$

	GBF-Reaktor Kultivierung 1	GBF-Reaktor Kultivierung 2	BE-1
Filtrationsdauer (h)	49,5	55,7	22,2
Ausbeute an PS im Filtrat %	21,8	1,3	0,07
J ($L \cdot m^{2} \cdot h^{-1}$)	13,3	36,9	1,07
Durchlässigkeit$_{PS}$ %	64,3	16,4	12,9

Die Ergebnisse der drei Kultivierungen sind in Tabelle 4.10 zusammengestellt. In die erste Kultivierung im GBF-Reaktor mit einer mittleren Ausbeute an Polysaccharide im Filtrat von 21,8% pro Filtrationstag nahm die spezifische Wachstumsrate von 0,249 d^{-1} auf 0,146 d^{-1} ab. Tabelle 4.7 zeigt, dass bei der verwendete 1 µm Membran ein Verlust an Zellen durch Anhaftung von etwa 55% zu erwarten war. Während des Einsatzes des Querstromfiltrationsmoduls während der Kultivierung im Reaktor wurde die gebildete Deckschicht nicht untersucht. Der Aufwand und das Risiko der Kontamination während des Rückspülens zur Gewinnung der Deckschicht waren zu hoch. Folglich konnte nicht eindeutig festgestellt werden, ob die Abnahme der spezifischen Wachstumsrate während des Einsatzes der Querstromfiltration um das 1,7-fache auf die Anhaftung der Zellen in der Membran zurückzuführen war oder durch die Filtration selbst verursacht wurde. Die spezifischen Produktbildungsraten von den im Medium gelösten freien Polysacchariden und an der Zellwand gebundenen Polysacchariden nahmen während der Filtration um das 3,15-fache und 2,13-fache jeweils zu. Der spezifischen Gehalt an freien Polysacchariden stieg von 0,072 $g \cdot g^{-1}$ während des kontinuierlichen Betriebs ohne Filtration auf 0,086 $g \cdot g^{-1}$ mit Filtration. Im Gegensatz nahm die spezifische Produktbildungsrate des Pigments Pycoerythrins und der intrazellulären Proteine jeweils um das 1,9-fache und das 1,5-fache ab.

Tab 4.10. Tabellarische Darstellung der Ergebnisse aus den Kultivierungen mit Einsatz von Querstromfiltration. Verglichen wurden die spezifischen Wachstumsraten und Produktbildungsraten während des Kontinuierlichen Betriebs ohne (weißer Balken) und mit Einsatz der Filtration (grauer Balken). In der unteren Zeile werden die spezifischen Gehalte an freier Polysacchariden verglichen.

		GBF-Reaktor Kultivierung 1		GBF-Reaktor Kultivierung 2		BE-1	
μ_{konti} (d^{-1})	$\mu_{konti+CF}$ (d^{-1})	0,249	0,146	0,175	-0,021	0,312	0,217
$r_{PS,frei}$ $(g \cdot g^{-1} \cdot d^{-1})$	$r_{PS,frei/CF}$ $(g \cdot g^{-1} \cdot d^{-1})$	0,020	0,063	0,017	0,028	0,037	0,363
$r_{PS,geb}$ $(g \cdot g^{-1} \cdot d^{-1})$	$r_{PS,geb/CF}$ $(g \cdot g^{-1} \cdot d^{-1})$	0,055	0,117	0,028	-0,075	0,031	0,112
r_{PE} $(g \cdot g^{-1} \cdot d^{-1})$	$r_{PE/CF}$ $(g \cdot g^{-1} \cdot d^{-1})$	0,080	0,042	0,042	0,008	0,053	0,048
$r_{Protein}$ $(g \cdot g^{-1} \cdot d^{-1})$	$r_{Protein/CF}$ $(g \cdot g^{-1} \cdot d^{-1})$	0,025	0,0013	-	-	0,036	0,014
$c_{freie\ PS}/c_x$ $(g \cdot g^{-1})$	$c_{freie\ PS}/c_x$ $(g \cdot g^{-1})$	0,072	0,086	0,074	0,160	0,167	0,293

In der zweiten Kultivierung im GBF-Reaktor und in der Kultivierung im BE-1 wurden Ausbeuten an Polysacchariden im Filtrat von 1,3% und 0,07% gemessen. Es wurden kaum Polysaccharide abgetrennt. Die Antwort der Zellen konnte damit auf den Einsatz der Querstromfiltration selbst und nicht auf der Abnahme der Polysaccharidkonzentration zurückgeführt werden. Die Ergebnisse zeigen, dass die Zellen auf den mechanischen Stress, verursacht durch die Filtration, ähnlich wie mit dem 1 µm Modul, mit einer Abnahme der spezifischen Wachstumsrate und Produktbildungsrate an Pigmenten und intrazelluläre Proteinen und einer Zunahme an der Produktion der gebundenen und freien Polysaccharide reagierten. Der spezifische Gehalt an freien Polysacchariden nahm während des Kontinuierlichen Betriebs ohne Filtration im GBF-Reaktor von 0,074 $g \cdot g^{-1}$ auf 0,16 $g \cdot g^{-1}$ mit Filtration zu. Im BE-1 Reaktor nahm der spezifische Gehalt von 0,167 $g \cdot g^{-1}$ auf 0,293 $g \cdot g^{-1}$ mit Filtration zu. Die Größenordnung dieser Antwort war von den Kultivierungsbedingungen abhängig. In unserem Fall waren die Lichtintensität und die Lichtverteilung in beiden Reaktoren zuständig für die unterschiedlichen Ergebnisse. Im GBF-Reaktor wuchsen die Zellen mit einer PFD von 25 $\mu E \cdot m^{-2} \cdot s^{-1}$ an der Reaktoroberfläche. Im der Mitte des Rührkessels wurden 6 $\mu E \cdot m^{-2} \cdot s^{-1}$ gemessen. Die Zellen wuchsen damit lichtlimitiert. Die Stoffwechselaktivität war für beiden Phasen, mit und ohne Filtration, am geringsten im Vergleich mit den anderen Kultivierungen. Die größte Stoffwechselaktivität wurde während der Kultivierung im BE-1 erreicht, da die Zellen in diesem Reaktor mehr Licht zur Verfügung hatten.

Eine eindeutige Auskopplung des Beitrages der Abnahme der Polysaccharid-konzentration und des mechanischen Stresses auf das Produkt-Sensing-Verhalten der Mikroalge konnte durch diese Versuche nicht eindeutig festgestellt werden. Eine schnelle Abnahme der Polysaccharidkonzentration im Reaktor wäre dafür notwendig. Dieses Ziel könnte mit dem Einsatz der oben beschrieben 3 μm Versapor Membran mit einer größeren Filtrationsoberfläche erreicht werden.

4.3.3 Einfluss von ASW-Medium auf das Produkt-Sensing-Verhalten

Ein weiterer Faktor, der einen Einfluss auf das Produkt-Sensing-Verhalten von *Porphyridium purpureum* haben könnte, ist die Zugabe an frischem ASW-Medium, welches den Flüssigkeitsverlust im Reaktor durch die Filtration ersetzt. Die Zugabe an frischem ASW-Medium führt dazu, dass sich die Konzentration an Makro- und Mikroelemente im Medium erhöht. Zwei Versuchsreihen von Schüttelkolben-kultivierungen wurden durchgeführt, um die Beteiligung des ASW-Mediums im Produkt-Sensing-Verhalten der Alge zu untersuchen.

Pro Versuchsreihe wurde in acht Kolben unter identischen Bedingungen kultiviert. Die Kolben wurden mit der gleichen Zellsuspension angeimpft. Sie stammte aus einem weiteren Kolben. Nach dem Animpfen wurden die Schüttelkolben in einem Rotationsschüttler bei 100 rpm gestellt. Sie wurden im Batch bei 25 $\mu E \cdot m^{-2} \cdot s^{-1}$ beleuchtet und unter 20 °C kultiviert. Diese einheitlichen Kultivierungs- und Umgebungsbedingungen gewährleisteten die Vergleichbarkeit innerhalb der Messreihe. Der Verlauf der Biotrockenmassekonzentration über die Kultivierungsdauer in Abbildung 4.16 bestätigt die einheitlichen Kultivierungsbedingungen in allen Schütte - kolben. Täglich wurden 10 mL Probe für die Offline-Analytik gezogen. Die erste Phase der Batch-Kultivierung dauerte sieben Tage. Die Biotrockenmassekonzer- tration erreichte bei allen Kolben einen Wert von 0,18 g·L^{-1} (siehe Abbildung 4.16. Die Zellen wuchsen mit einer durchschnittlichen spezifischen Wachstumsrate von 0,226 d^{-1}.

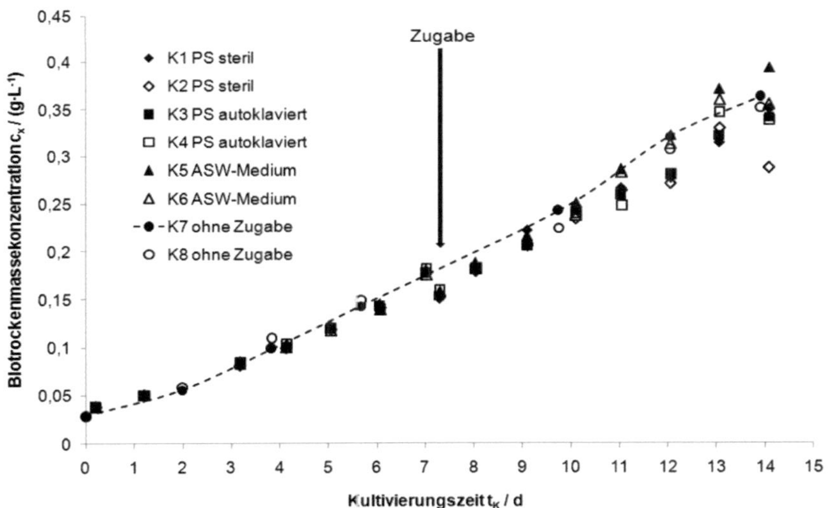

Abb. 4.16. Verlauf der Biotrockenmassekonzentration aus den 6 Kolben vor und nach der Zugabe an verschiedenen Lösungen.

Am siebten Tag wurden den Kolben unterschiedliche Lösungen zugegeben. In zwei Kolben (K7 und K8 in Abb. 4.16) wurden die Kultivierungen ohne Zugabe weitergeführt. Sie dienten als Referenz. In zwei weiteren Kolben (K5 und K6) wurden 32,5 mL frisch eingesetztes und autoklaviertes ASW-Medium gegeben. Die restlichen vier Kolben (K1 bis K4) wurden mit einer Lösung aus eigenen Poly- sacchariden und ASW-Medium gefüllt. Diese Lösung wurde aus dem Überstand einer zentrifugierten Zellsuspension einer weiteren Schüttelkolbenkultivierung gewonnen. Die Zentrifugation wurde steril durchgeführt. Der Überstand, 32,5 mL, wurde in zwei Kolben (K1 und K2) steril zugegeben. Der restliche Überstand wurde autoklaviert und anschließend in die anderen zwei Kolben (K3 und K4) umgefüllt. Nach der Zugabe wurden die Batch-Kultivierungen weitere 7 Tage gefahren.

In Abbildung 4.17 sind die spezifischen Bildungsraten der freien Polysaccharide vor und nach der Zugabe für die verschiedenen Kolben dargestellt. Die Werte wurden nicht über die gesamte Batch-Phase, sondern pro Zeitintervalle ermittelt. Die Produktion an freien Polysacchariden in den ersten vier Tagen nach dem Animpfen lag zwischen 0,048 $g \cdot g^{-1} \cdot d^{-1}$ und 0,029 $g \cdot g^{-1} \cdot d^{-1}$ je nach Kolben. Sie nahm bei allen Kolben bis zum Ende dieser ersten Phase auf 0,029 $g \cdot g^{-1} \cdot d^{-1}$ bis 0,018 $g \cdot g^{-1} \cdot d^{-1}$ ab.

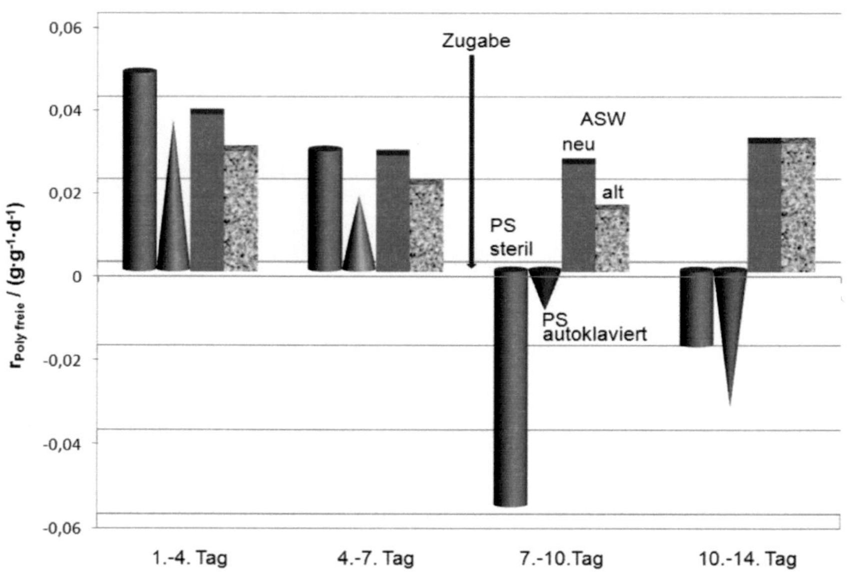

Abb. 4.17. Vergleich der spezifischen Bildungsrate der freien Polysaccharide vor und nach der Zugabe von steril gewonnenen eigenen Polysacchariden (runder Balken), steril gewonnenen und autoklavierten Polysacchariden (kegelförmiger Balken), ASW- Medium (viereckiger grauer Balken) und Referenzkultivierung ohne Zugabe (viereckiger gemusteter Balken).

Die Zugabe von 32,5 mL an frischem ASW-Medium entsprach einer Volumenzunahme von 25% gegenüber der Referenzkultivierung. Wie in Abbildung 4.17 gezeigt wird, hatte sowohl die Verdünnung als auch die Erhöhung an zusätzlichen Ionen durch die ASW-Medium-Zugabe keinen Einfluss auf die spezifische Produktbildungsrate der freien Polysaccharide. Sie nahm mit 0,026 $g \cdot g^{-1} \cdot d^{-1}$ im Vergleich zur der ersten Batch-Phase mit 0,028 $g \cdot g^{-1} \cdot d^{-1}$ ganz leicht ab. Ein fast identisches Verhalten wurde in diesem Zeitintervall für die Referenzkultivierung beobachtet. Die spezifische Produktbildungsrate der freien Polysaccharide nahm von 0,021 $g \cdot g^{-1} \cdot d^{-1}$ auf 0,015 $g \cdot g^{-1} \cdot d^{-1}$ ebenfalls leicht ab. Bis zum Ende der Kultivierungen nahmen die spezifischen Produktbildungsraten in beiden Fällen bis 0,031 $g \cdot g^{-1} \cdot d^{-1}$ weiter zu. Im Gegensatz dazu hörte die Produktion an freien Polysacchariden in den Kolben auf, in denen eigene Polysaccharide zugegeben wurden. Sie nahm sogar negative Werte an. Durch die Zugabe an sterilen und autoklavierten Polysaccharidlösungen wurde die Menge der freien Polysaccharide im Medium um das 8-fache erhöht. Die Zugabe an steriler Polysaccharidlösung führte zu einer 3-fachen Abnahme der Bildungsrate der freien Polysaccharide. Die Zugabe an autoklavierter Polysaccharidlösung zu einer 1,5-fachen Abnahme. Bis zum Ende der Kultivierungen blieben die spezifischen Bildungsraten in diesen Kolben negativ. Eine eindeutige Reaktion der Zellen auf die Produktion der freien Polysaccharide durch die Erhöhung ihrer Konzentration wurde hiermit bestätigt.

Abbildung 4.18 zeigt die spezifischen Produktbildungsraten der gebundenen Polysaccharide vor und nach der Zugabe für die verschiedenen Kolben. Sie waren mit maximal 0,018 $g \cdot g^{-1} \cdot d^{-1}$ in den ersten Tagen der Batch-Phase viel geringer als die spezifischen Bildungsraten der freien Polysaccharide. Sie nahmen bis zum siebten Batch-Tag vor der Zugabe negative Werte an. Einzige Ausnahme war die spezifische Bildungsrate in den Kolben der Referenzkultivierung. Ihr Wert stieg bis zum siebten Kultivierungstag von 0,009 $g \cdot g^{-1} \cdot d^{-1}$ auf 0,03 $g \cdot g^{-1} \cdot d^{-1}$ und blieb bis zum 10. Tag mit einem Wert von 0,026 $g \cdot g^{-1} \cdot d^{-1}$ fast unverändert und sank bis zum Kultivierungsende auf einen Wert von 0,003 $g \cdot g^{-1} \cdot d^{-1}$ ab. Nach der Zugabe von frischem ASW-Medium stieg die spezifische Bildungsrate der gebundenen Polysaccharide in diesen Kolben bis 0,03 $g \cdot g^{-1} \cdot d^{-1}$. Dieser Wert war fast identisch wie der in der Referenzkultivierung. Bis zum 14. Tag stieg die spezifische Bildungsrate der gebundenen Polysaccharide auf 0,04 $g \cdot g^{-1} \cdot d^{-1}$. Die stärkste Veränderung der Produktbildungsrate wurde in den Kolben beobachtet, in denen eigene Polysaccharide zugegeben wurden. Durch die Zugabe an steril gewonnenen Polysaccharide stieg die spezifische Bildungsrate von -0,0022 $g \cdot g^{-1} \cdot d^{-1}$ auf 0,113 $g \cdot g^{-1} \cdot d^{-1}$, um etwa das 52-fache. Die Zunahme der spezifischen Bildungsrate nach der Zugabe von autoklavierten Polysaccharide betrug von -0,0017 $g \cdot g^{-1} \cdot d^{-1}$ bis 0,124 $g \cdot g^{-1} \cdot d^{-1}$ das 72-fache. Beide Bildungsraten nahmen bis zum Ende der Kultivierung mit 0,158 $g \cdot g^{-1} \cdot d^{-1}$ und 0,151 $g \cdot g^{-1} \cdot d^{-1}$ weiter zu.

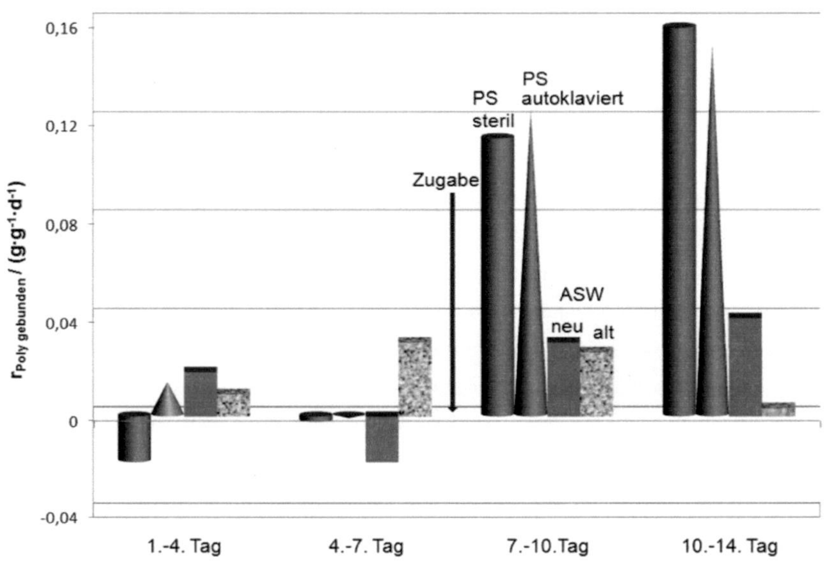

Abb. 4.18. Vergleich der spezifischen Bildungsrate der gebundenen Polysaccharide vor und nach der Zugabe von steril gewonnenen eigenen Polysacchariden (runder Balken), steril gewonnenen und autoklavierten Polysacchariden (kegelförmiger Balken), ASW- Medium (viereckiger grauer Balken) und Referenzkultivierung ohne Zugabe (viereckiger gemusteter Balken).

Durch einen Vergleich der Verläufe der absoluten Mengen an freien und gebundenen Polysacchariden in den Kolben nach der Zugabe von sterilen und autoklavierten Polysacchariden wurde versucht, eine Erklärung für die negativen Werte der spezifischen Bildungsrate der freien Polysaccharide und der starken Zunahme der Bildung an gebundenen Polysacchariden zu finden. Negative Produktbildungsraten würden bedeuten, dass ein Verbrauch an Polysacchariden durch die Zellen statt gefunden hätte. So ein Verhalten ist bis jetzt für *Porphyridium purpureum* nicht bekannt. In Abbildung 4.19 ist der Verlauf der Menge an freien und gebundenen Polysacchariden über die Kultivierungsdauer aufgetragen. Um die Menge an freien Polysacchariden zu bestimmen, wurde angenommen, dass die Zellen keine Polysaccharide verbrauchen und damit wurde in jeder Probe die Menge an zugegebene Polysacchariden (0,021 g) abgezogen. Der Verlauf zeigt eine umgekehrte Proportionalität von beiden Kurven. Die Menge an freien Polysacchariden nach der Zugabe nimmt negative Werte an, dafür steig die Menge an gebundenen Polysacchariden in diesem Zeitintervall stark an. Dies könnte einen Indiz dafür sein, dass durch die Erhöhung der Konzentration an freien Polysacchariden ein Teil in der gebundenen Form übergeht und dadurch negative Bildungsraten bestimmt werden. Genauere Kenntnisse über dieses Verhalten müssten durch den Einsatz an markiertem Kohlenstoff gewonnen werden. Eine Verfolgung der Polysaccharide zwischen gebundenem oder freiem Zustand könnte durch die Markierung stattfinden, um eindeutige Aussagen diesbezüglich treffen zu können.

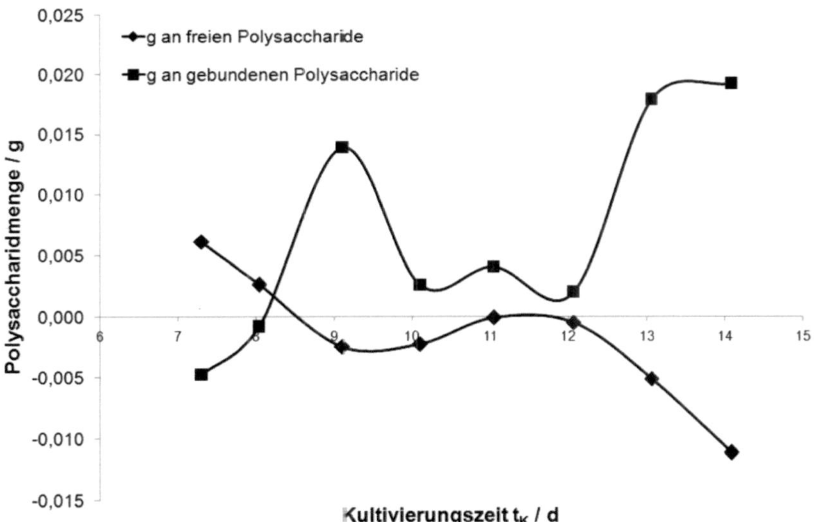

Abb. 4.19. Verlauf der absoluten Mengen an freien Polysacchariden und gebundenen Polysaccharide in Gramm nach der Zugabe an steril gewonnene Polysaccharide am siebten Tag der Schüttelkolbenkultivierung am Beispiel von Kolben 1.

Das Wachstum der Zellen in der zweiten Batch-Phase nach der Zugabe war linear. Die Zunahme an Biotrockenmasse lag zwischen 0,11 d^{-1} und 0,14 d^{-1}. Die spezifische Bildungsrate der gemessenen Pigmente Phycoerythrin und Chlorophyll a war nach der Zugabe kleiner als davor (siehe Tabellen B1 und B2 im Anhang). Dies zeigt, dass das lineare Wachstum wegen CO_2- und nicht wegen Lichtlimitierung zustande kam. Die Kolben wurden nicht begast, Luftaustausch geschah durch das Stopfen, das den Kolben gegen Kontamination abdichtete.

Nach dieser Versuchsreihe wurde das Produkt-Sensing-Verhalten von *Porphyridium purpureum* bestätigt. Die Polysaccharidproduktion nahm nur bei der Erhöhung der

Konzentration an zelleigenen Polysacchariden im Medium ab. Die Zugabe an frischem ASW-Medium hatte keinen Einfluss auf das Produkt-Sensing-Verhalten der Alge, die Produktion der Polysaccharide blieb in diesem Fall unverändert.

Das Produkt-Sensing-Verhalten setzt voraus, dass die Zellen die Polysaccharidkonzentration im Medium detektieren können. Durch welche Moleküle diese Wahrnehmung statt findet war unklar. Diese Versuchsreihe zeigte, dass solche Signalmoleküle unempfindlich gegen Hitze und Druck waren. Der Überstand mit Polysaccharide, der autoklaviert wurde, führte auch zu negativen spezifischen Bildungsraten an freien Polysaccharide. Weiterhin wurden die zugegebenen Lösungen auf Proteine untersucht. Es wurden keine Proteine gemessen. Damit wurde eine Proteinnatur für die Signalmoleküle ausgeschlossen. Die Erkennung sollte durch die gelösten Polysaccharide als ganzes Molekül oder durch Fraktionen dieses Polymers ausgelöst worden sein. Andere extrazelluläre hitzeunempfindliche Moleküle könnten auch für die Erkennung der Polysaccharidkonzentration zuständig sein. Bis jetzt ist aber nicht bekannt, ob *Porphyridium purpureum* weitere extrazelluläre Produkte außer den sulfatierten Polysacchariden bildet.

4.3.4 Fraktionierungsversuche

Ziel dieser Versuchsreihe war, die Reaktion von *Porphyridium purpureum* auf verschiedenen Fraktionen zelleigener, abzentrifugierter Überstände zu untersuchen. Damit sollte geprüft werden, ob die Polysaccharide als ganzes Molekül für die Erkennung der Polysaccharidkonzentration zuständig sind oder, ob es sich bei den Signalmolekülen um kleinmolekulare Stoffe handelt. Eine Schüttelkolbenkultivierungsreihe wurde unter identischen Bedingungen wie die Kultivierungsreihe im Abschnitt 4.3.3 gestartet. Durch eine Batch-Kultivierung im BE-1 wurde genug Zellsuspension gewonnen, um die benötigten fraktionierten Lösungen zu bekommen. Der Überstand dieser Kultivierung wurde mit einem 0,1 µm Querstrom- und einem 1,2 µm Dead-End-Filtrationsmodul filtriert. Die Filtrate, die Moleküle unterschiedlicher Größe beinhalteten, wurden autoklaviert und auf Raumtemperatur abgekühlt. Am siebten Tag der Schüttelkolbenkultivierung wurden die Filtrate gewonnen und den Kolben zugegeben. Kolben 1 und 2 wurden jeweils mit 27,5 mL des Filtrats aus dem 0,1 µm Modul befüllt, in Kolben 3 und 4 wurde die gleiche Menge an Filtrat aus der 1,2 µm Filtration zugegeben und in den Kolben 5 und 6 wurde die Zugabe mit dem nicht filtrierten Überstand durchgeführt. Ab diesem Zeitpunkt dauerte die Kultivierung weitere sieben Tage. Die Zugabe von 32,5 mL an frischem ASW-Medium entsprach, genauso wie in die Kultivierungsreihe von Abschnitt 4.3.3, einer Volumenzunahme von 25%. Der Verlauf der Biotrockenmassekonzentration war, wie in Abbildung 4.20 dargestellt, in den ersten 7 Tagen bei allen 6 Kolben identisch. Die Zellen wuchsen mit einer mittleren spezifischen Wachstumsrate von 0,272 d^{-1}.

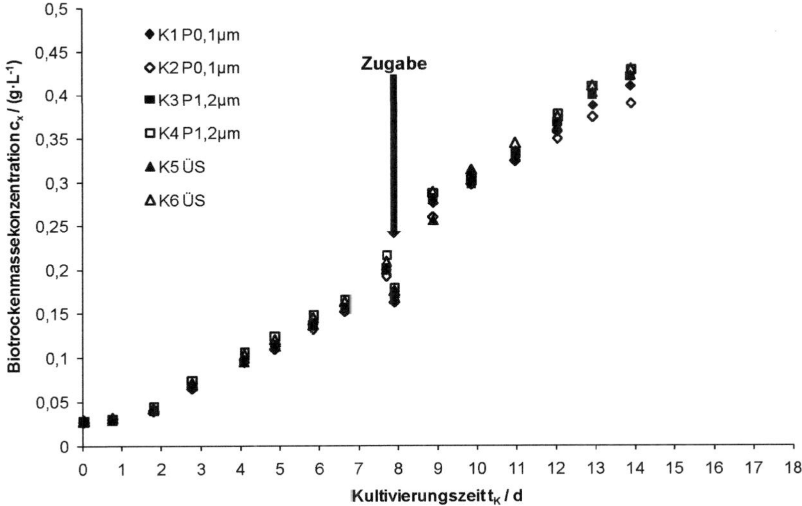

Abb. 4.20. Verlauf der Biotrockenmassekonzentration aus den 6 Kolben vor und nach der Zugabe an Überstände abzentrifugierte Zellsuspension, die durch Filtration Moleküle unterschiedlicher Größe beinhalteten . Kolben 1 und 2 (K1, K2) Molekülgrößen < 0,1 µm. Kolben 3 und 4 (K3, K4) Molekülgrößen < 1,2 µm. K5 und K6 unfiltrierter Überstand.

Die Ergebnisse der spezifischen Bildungsraten an freien Polysacchariden vor und nach der Zugabe sind in der Abbildung 4.21 als Balkendiagramme zusammengefasst. Sie stammen aus den Kolben 1, 3 und 5. Kolben 2, 4 und 6 zeigten ähnliche Tendenzen und werden nicht gezeigt. Vor der Zugabe waren während der gesamten Batch-Phase die spezifischen Bildungsraten an freien Polysacchariden in allen Kolben mit Werten zwischen 0,014 g·g^{-1}·d^{-1} und 0,018 g·g^{-1}·d^{-1} fast gleich. Im Kolben 5 nahm in den letzten drei Tagen vor der Zugabe die spezifische Bildungsrate von 0,0165 g·g^{-1}·d^{-1} auf 0,011 g·g^{-1}·d^{-1} etwas stärker ab. Die Zugabe am siebten Tag von dem Filtrat aus der 0,1 µm Membran im Kolben 1 beeinflusste nicht die Produktion an freien Polysacchariden. Die spezifische Bildungsrate blieb mit 0,018 g·g^{-1}·d^{-1}

gleich der vor der Zugabe. Die absolute zugegebene Menge an Polysaccharide war mit 0,3 mg sehr gering und damit fand keine Erhöhung der Polysaccharidkonzentration im Medium statt. Die Moleküle, die die 0,1 µm Membran durchpassieren konnten, lösten kein Produkt-Sensing-Verhalten aus. Bei der Zugabe an Filtrat aus der 1,2 µm Membran in Kolben 3 erhöhte sich die Polysaccharidkonzentration um das Dreifache und die spezifische Bildungsrate der freien Polysaccharide nahm von 0,014 $g \cdot g^{-1} \cdot d^{-1}$ bis -0,026 $g \cdot g^{-1} \cdot d^{-1}$ auch um das Dreifache fast ab. In Kolben 5 nahm nach der Zugabe an unfiltriertem Überstand die spezifische Bildungsrate der freien Polysaccharide ebenfalls von 0,011 $g \cdot g^{-1} \cdot d^{-1}$ bis 0,02 $g \cdot g^{-1} \cdot d^{-1}$ ebenfalls um das Dreifache ab, mit einer dreifachen Zunahme der Polysaccharidkonzentration.

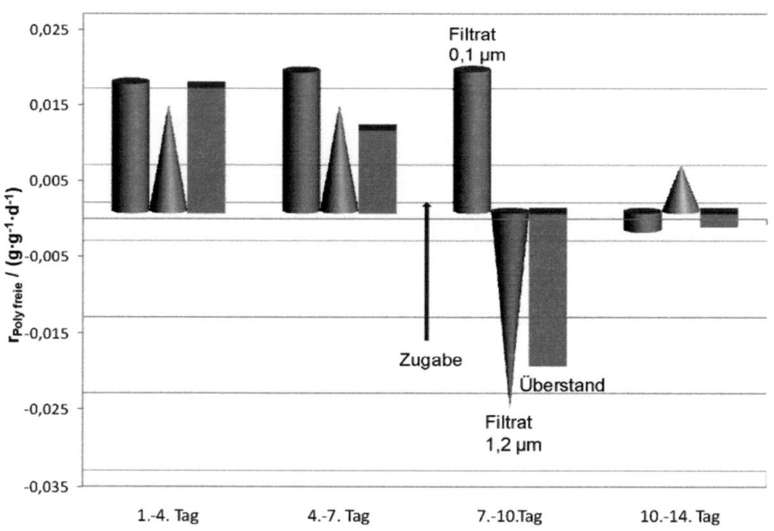

Abb. 4.21. Vergleich der spezifischen Bildungsrate der freien Polysaccharide vor und nach der Zugabe von Filtrat aus 0,1 µm Membran: Kolben 1 (runder Balken); Filtrat aus 1,2 µm Membran: Kolben 3 (kegelförmiger Balken); unfiltrierter Überstand: Kolben 5 (viereckiger Balken).

Die Zellen reagierten in Kolben 3 und 5 gleichermaßen auf die Erhöhung der Konzentration an Molekülen aus dem Überstand mit einer Molekülgröße < 1,2 µm als auf die Erhöhung der Konzentration an unfiltrierten Molekülen. Die Produktion an freien Polysacchariden nahm negative Werte an. Produkt-Sensing-Verhalten wurde in beiden Kolben nachgewiesen.

Die spezifischen Produktbildungsraten an gebundenen Polysacchariden werden in
Abbildung 4.22 dargestellt. Sie lagen in den ersten Tagen der Kultivierung bei etwa
0,02 $g \cdot g^{-1} \cdot d^{-1}$ in den Kolben 1 und 5 und 0,01 $g \cdot g^{-1} \cdot d^{-1}$ in Kolben 3. Die spezifische
Bildungsrate sank in den letzten drei Tagen vor der Zugabe stark ab. Die Zugabe an
den verschiedenen Überständen hatte eine Zunahme der spezifischen Bildungsrate
an gebundenen Polysacchariden zur Folge.

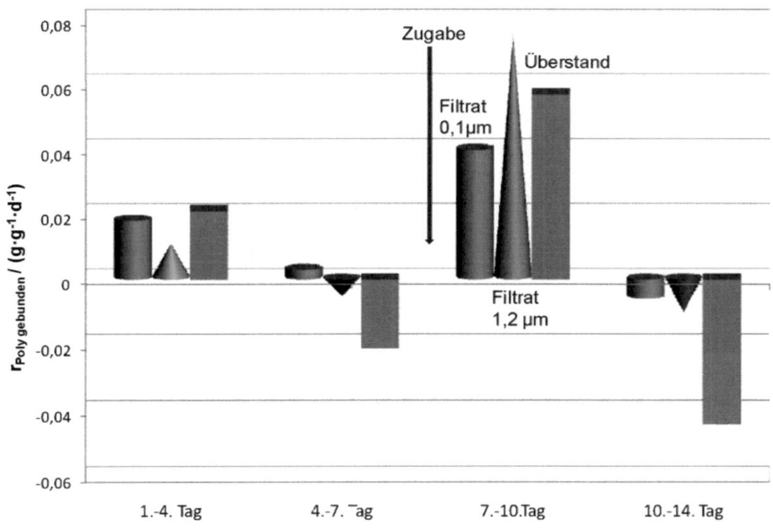

Abb. 4.22. Vergleich der spezifischen Bildungsrate der gebundenen Polysaccharide vor und
nach der Zugabe von Filtrat aus 0,1 µm Membran: Kolben 1 (runder Balken); Filtrat aus 1,2
µm Membran: Kolben 3 (kegelförmiger Balken); unfiltrierter Überstand: Kolben 5
(viereckiger Balken).

Der Vergleich in Abbildung 4.23 der Verlauf der absoluten Mengen an freien und
gebundenen Polysaccharide in dem Kolben 3 nach der Zugabe an Filtrat aus der 1,2
µm Membran zeigt wieder eine umgekehrte Proportionalität von beiden Kurven
(siehe Abbildung 4.19). Die Menge an freien Polysacchariden nach der Zugabe
nimmt negative Werte an, dafür stieg die Menge an gebundenen Polysacchariden in
diesem Zeitintervall stark an. Der Indiz, dass durch die Erhöhung der Konzentration
an freien Polysacchariden ein Teil in die gebundene Form übergeht und dadurch
negative Bildungsraten bestimmt werden, konnte mit diesen Ergebnissen nochmal
angedeutet werden.

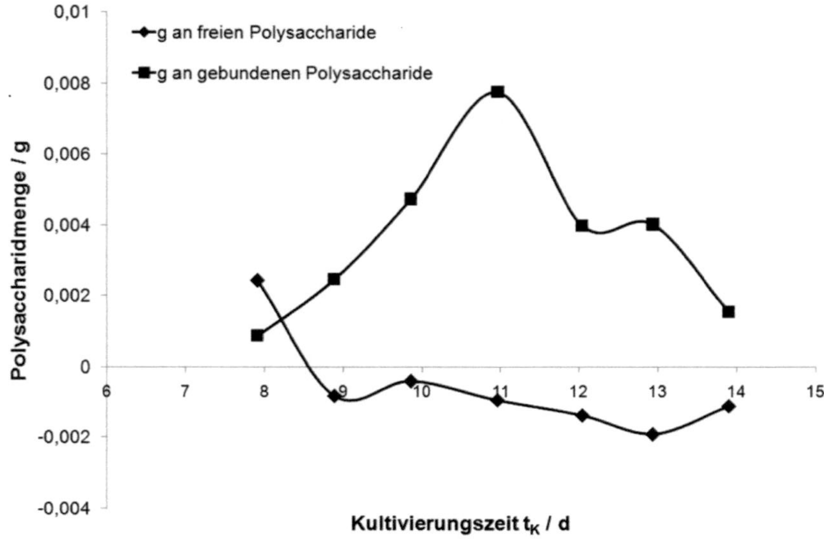

Abb. 4.23. Verlauf der absoluten Mengen an freien Polysacchariden und gebundenen Polysacchariden in Gramm nach der Zugabe Filtrat aus 1,2 µm Membran am siebten Tag der Schüttelkolbenkultivierung am Beispiel von Kolben 3.

Nach der Zugabe war das Wachstum linear und lag bei 0,081 d^{-1}. Die spezifische Bildungsrate der Pigmente Phycoerythrin und Chlorophyll a nahm auch hier nach der Zugabe ab (Tabelle B3 im Anhang). Identisches Verhalten konnte zwischen dieser experimentellen Versuchsreihe und der im Abschnitt 4.3.3 zur Untersuchung des Einflusses von ASW-Medium für die Biotrockenmassekonzentration und Pigmentbildung beobachtet werden.

Diese Ergebnisse zeigten, dass nicht die gebildeten Polysaccharide als ganzes Molekül die Signalmoleküle für die Erkennung der Polysacchirdkonzentration im Medium waren. Die Signalmoleküle involviert in dem Produkt-Sensing-Verhalten von *Porphyridium purpureum* befanden sich eindeutig auch im Filtrat der 1,2 µm Membran und nicht in dem der 0,1 µm Membran. Ihre Größe müsste zwischen 0,1 µm und 1,2 µm liegen und sind hitzeunempfindlich.

5 Diskussion

Eine Vielfalt an Kultivierungen mit unterschiedlichen Zielesetzungen wurde mit der Rotalge *Porphyridium purpureum* durchgeführt. Zum einem wurde der Einfluss von Hell/Dunkel-Zyklen im Sekunden- und Millisekunden-Bereich auf das Wachstum und die Produktbildung der Rotalge im Starklichtbereich untersucht. Für die Durchführung dieser Kultivierungen wurde eine neue Beleuchtungseinrichtung entwickelt, die einen Reaktor von außen homogen durchleuchten konnte. Verschiedene Anforderungen sollte die Lichtquelle erfüllen: das Erreichen von Lichtintensitäten in Sonnenlicht-bereich, bis zur 2000 $\mu E{\cdot}m^{-2}{\cdot}s^{-1}$, ähnliches Spektrum im photosynthetisch aktiven Bereich, Dimmbarkeit und hohe Flexibilität in der Einstellung von Fluktuationen. Die gewonnen Ergebnissen dienten dazu, wichtige Informationen zur Auslegung von Photobioreaktoren mit optimaler Lichtnutzung und somit maximale Produktivitäten zu sammeln. In einem weiteren Teil der Arbeit wurde untersucht, durch welche Faktoren die Polysaccharidbildung der Rotalge beeinflusst wird. Kultivierungen in Reaktor- und Schüttelkolbenmaßstab wurden zu diesem Zweck durchgeführt. Ein optimales Abtrennungsverfahren zur kontinuierlichen Gewinnung dieser Biopolymere wurde etabliert.

5.1 Entwicklung eines ideal durchleuchteten Photobioreaktors auf Basis von Leuchtdioden (LEDs)

Mit Hilfe des Einsatzes von LEDs als Lichtquelle wurde eine neue Beleuchtungs-einrichtung entwickelt, die eine homogene Durchleuchtung im Inneren eines ausgewählten Photobioreaktors ermöglicht. Dieses System ist optimal geeignet für kinetische Untersuchungen an phototrophen Mikroorganismen. Photonenflussdichter von bis zur 2000 $\mu E{\cdot}m^{-2}{\cdot}s^{-1}$ können mit den ausgesuchten LEDs eingestellt werden Damit sind Experimente im gesamten lichtabhängigen Wachstumsbereich realisierbar. Die Stromversorgung der Leiterplatte über das "Dual 500W LED-Control"-System erreicht Ein- und Ausschaltgeschwindigkeiten von bis zu einer Millisekunde. Sind Photonenflussdichten größer 2000 $\mu E{\cdot}m^{-2}{\cdot}s^{-1}$ erwünscht, ist nur der Einbau von leistungsstärkeren LEDs auf der Leiterplatte notwendig. Je nach Layout der Leiterplatte können auch LEDs mit verschiedenen Farben gelötet werden. Durch die einfache Steuerung und große Flexibilität der neuen Beleuchtungs-einrichtung sind Änderungen während einer Kultivierung der Intensität, Wellenlängenzusammensetzung und Fluktuationen der Bestrahlung kaum Grenzen gesetzt. Die Spektralverteilung des erzeugten Lichtes von warmweißen LEDs im photosynthetisch aktiven Bereich von 400 nm bis 700 nm wich um 19% von der des Sonnenlichtes ab. In diesem Bereich standen insgesamt 410 $\mu E \cdot m^{-2} \cdot s^{-1}$ bei den LEDs für die Zellen zu Verfügung gegenüber 330 $\mu E \cdot m^{-2} \cdot s^{-1}$ beim Sonnenlicht. Ein Vergleich zwischen den Absorptionsbereichen der Pigmente von *Porphyridium purpureum* und den Anteilen am Lichtspektrum von beiden Quellen zeigte, dass es für die Pigmente Phycoerythrin und Allophycocyanin kaum Unterschiede zwischen den LEDs und dem Sonnenlicht gab (siehe Tabelle 4.1 im Ergebnisteil). Im Fall von Phycocyanin war der Anteil der LEDs mit 47% größer als der des Sonnenlichtes mit 26%. Phycoerythrin ist das meist vorhandene Pigment in der Rotalge. Ihr spezifischer Gehalt variiert zwischen etwa 10% und 30% $g_{PE} \cdot g_{BTM}^{-1}$ je nach Lichtintensität [44]. Zusammen mit Phycocyanin und Allophycocyanin bildet Phycoerythin die Antennensysteme der Rotalge, die zuständig für die Hauptabsorption des Lichtes sind [92]. Das Antennensystem besteht zu etwa 70% aus Phycoerythrin, zu 9% aus Phycocyanin und zu 5% aus Allophycocyanin. Der spezifische Gehalt an Phycocyanin wird demnach zwischen 1,3% und 3,9% $g_{PE} \cdot g_{BTM}^{-1}$ variieren. Der spezifische Gehalt an Chlorophyll a liegt bei 0,5% und 2% $g_{Chla} \cdot g_{BTM}^{-1}$ und baut die Reaktionszentren der Photosysteme. Tabelle 4.1 im Ergebnisteil zeigt, dass zwischen 400 nm und 430 nm kaum Licht für den ersten Absorptionsbereich von Chlorophyll a zu Verfügung steht. Von 400 nm bis 460 nm sind 3% Lichtspektrum der LEDs gegenüber 14% des Sonnenlichts vorhanden. Dafür sind die Anteile im zweiten Absorptionsbereich von Chlorophyll a mit jeweils 14% für LEDs und 19% für Sonnenlicht ähnlich. Die größten Abweichungen wurden bei den Pigmenten Phycocyanin und Chlorophyll a festgestellt. Der Zellanteil dieser Pigmente ist sehr gering und liegt um fast eine Größenordnung unterhalb des Zellanteils an Phycoerythrin. Dadurch und wegen der fast gleich vorhandenen Anteile für die Absorption von Phycoerythrin zwischen beiden Quellen wird beim Einsatz der warmweisen LEDs ein ähnliches Wachstum wie beim Sonnenlicht erwartet.

Eine homogene Lichtverteilung innerhalb des gesamten Reaktorvolumens bei einer Zellkonzentration von 0,2 $g \cdot L^{-1}$ wurde gemessen. Grund für die homogene Lichtverteilung war die Überlappung zweier Effekte. Zum einem wurde durch die Geometrie des Kessels und die Ausrichtung der LEDs (siehe Abbildung 4.6a) das Licht in Richtung Reaktormitte fokussiert. Die Photonenflussdichte nahm von der

Reaktorwand zur Reaktormitte um 34% zu. Zum anderen nahm das Licht aufgrund von Streuung und Absorption durch die Zellen exponentiell ab. Die Lichtverteilung im Reaktor nach der Überlappung beider Effekte hatte einen V-förmigen Verlauf mit einer maximalen Abweichung von 10% zwischen der Photonenflussdichte an der Reaktorwand bis zur Reaktormitte (siehe Abbildung 4.6b). Bei höheren Zellkonzentrationen als 0,2 g·L^{-1} wäre mit einer höheren Abnahme des Lichtes in Richtung Reaktormitte zu rechnen, da der Anteil an Lichtverlust wegen Streuung und Absorption proportional zur Anzahl an Zellen ist. Die Zellkonzentration wurde bei 0,2 g·L^{-1} festgelegt. Kleinere Konzentrationen würden die offline-Analytik erschweren. Mit der Abnahme der Photonenflussdichte von 10% bis zur Reaktormitte ist keine Änderung in der Stoffwechselaktivität der Zellen zu erwarten. Die Lichtabnahme ist sehr gering und das Wachstum kann aufrechterhalten werden, sowohl unter Lichtlimitierung als auch unter Lichtsättigung. Mit dem Quantensensor, der zur Bestimmung der Lichtverteilung im Reaktor verwendete wurde, konnten Lichtmessungen nur in radialer Richtung durchgeführt werden. Um die tatsächliche Lichtverteilung messen zu können, müsste ein Quantensensor benutz werden, der das Licht in allen Raumwinkeln aufnimmt. Solch ein Sensor stand in dieser Arbeit nicht zur Verfügung. Eine Erhöhung der Lichtintensität im Reaktor um den Faktor 4 könnte mit einem sphärischen Sensor erwartet werden.

Während des Betriebs der LEDs wurde durch die Kühlung der Leiterplatte eine konstante Betriebstemperatur von 17°C erreicht. Die Effizienz beim Erzeugen von Licht wurde dadurch konstant gehalten und es konnten keine negativen Auswirkungen an der Lebensdauer der LEDs gemessen werden. Die Lichtspannungskennlinie änderte sich während der durchgeführten Kultivierungen mit Einsatz dieser Beleuchtungseinrichtung nicht. Langzeitversuche sollten durchgeführt werden, um festzustellen ab wann ein Nachlasser in der Lichterzeugung der LEDs stattfindet.

5.2 Kultivierungen der Alge *Porphyridium purpureum* im Starklichtbereich

Die Kultivierungen zur kinetischen Untersuchung im Starklichtbereich wurden in dem mittels LEDs ideal durchleuchten Reaktor BE-2 im Turbidostat-Betrieb durchgeführt. Sie verliefen während der Gesamtkultivierungsdauer monoseptisch und unter identischen Bedingungen. Die Bestrahlung war die einzige variable Größe. Dadurch wurden gezielte Informationen über die physiologische Antwort der Alge auf die Änderung der Lichtqualität und Lichtquantität gewonnen. Die ausgewählten

Kultivierungsbedingungen wurden der Literatur entnommen [73]. Sie basieren auf Angaben von Iqbal und Zafar [93], die eine höchste Wachstumsrate für *Porphyridium purpureum* bei 2,5% CO_2 in der Zuluft bei Begasungsraten von 500 $mL \cdot L^{-1} \cdot min^{-1}$ und eine optimale Bestrahlung bei 75 $\mu E \cdot m^{-2} \cdot s^{-1}$ berichteten. Unterschiedliche Kultivierungen in einem weiteren Photobioreaktor (BE1) wurden durchgeführt, um den Einfluss des CO_2-Anteils in der Zuluft auf das Wachstum zu überprüfen. Die Ergebnisse zeigten eine 1,6-fache Zunahme der spezifischen Wachstumsrate zwischen 0,03% und 2,5% CO_2-Anteil in der Zuluft. Li et al. [34] zeigte auch eine Zunahme der Wachstumsrate um das 1,7-fache unter 3% und 5% CO_2 gegenüber Luft (0,03% CO_2). Damit wurde 2,5% CO_2-Anteil in der Zuluft als optimal für das Wachstum der Rotalge bestätigt. Die Begasungsrate im BE-2 wurde auf 121 $mL \cdot L^{-1} \cdot min^{-1}$ eingestellt. Damit sollten Unterschiede zwischen der Zugas- und Abgaszusammensetzung bei der geringen Biotrockenmassekonzentration von 0,2 $g \cdot L^{-1}$ gemessen werden. Die Temperatur wurde in allen Kultivierungen bei 20°C konstant gehalten. Sie liegt unter dem optimalen Wert von 25°C für die Wachstumsrate [94; 95; 96; 97], wird öfters in der Literatur wegen günstigere Bildung an mehrfach ungesättigten Fettsäuren ausgewählt [27; 73; 98]. Trotz besseren Wachstums der Rotalge bei 25°C, werden geringe Abweichungen der Wachstumsraten bei 20°C und 25°C mit maximal 8% berichtet [95].

5.2.1 Aufnahme der Lichtintensitäts-Wachstums-Kurve

Die spezifische Wachstumsrate der Rotalge *Porphyridium purpureum* wurde in Abhängigkeit von der Lichtintensität in dem Photobioreaktor BE-2 im Turbidostat-Betrieb gemessen. Die dafür ausgewählten Photonenflussdichten betrugen 30 $\mu E \cdot m^{-2} \cdot s^{-1}$, 75 $\mu E \cdot m^{-2} \cdot s^{-1}$, 110 $\mu E \cdot m^{-2} \cdot s^{-1}$, 270 $\mu E \cdot m^{-2} \cdot s^{-1}$, 320 $\mu E \cdot m^{-2} \cdot s^{-1}$, 500 $\mu E \cdot m^{-2} \cdot s^{-1}$, und 710 $\mu E \cdot m^{-2} \cdot s^{-1}$. Aus diesen Messungen wurde die Lichtintensität-Wachstums-Kurve für *Porphyridium purpureum* für Dauerbeleuchtung erstellt. Wenige Angaben über das Verhalten von *Porphyridium purpureum* im Turbidostat-Betrieb liegen aus der Literatur vor, um die gemessenen Wachstumsraten vergleichen zu können. Eine Übereinstimmung mit Literaturangaben konnte bei 110 $\mu E \cdot m^{-2} \cdot s^{-1}$ und 270 $\mu E \cdot m^{-2} \cdot s^{-1}$ [99] und bei 30 $\mu E \cdot m^{-2} \cdot s^{-1}$ [27] gefunden werden. Zwei unterschiedliche Bereiche in der Lichtintensität-Wachstums-Kurve wurden gemessen: ein lichtlimitierter und ein Sättigungsbereich. Der Verlauf der Kurve zeigte einen relativ scharfen Übergang zwischen beiden Bereichen (siehe Abbildung 4.7 im Ergebnisteil). Sie entsprach damit eher eine

Blackman-Kinetik als einer Monod-Kinetik, wie es der Fall bei heterotrophen Kultivierungen ist. Nach Blackman [100] ist das Wachstum photoautotropher Organismen proportional der Verfügbarkeit eines einzigen limitierenden Faktors bis dieser Faktor einen bestimmten Wert erreicht. Oberhalb dieses Grenzwertes bleibt das Wachstum konstant. Abrupte Übergänge sollen eine sehr effiziente Steuerung der Rubisco-Aktivität anzeigen [98].

<u>Lichtlimitierte Bereich</u>

Der lichtlimitierte Bereich für *Porphyridium purpureum* wurde bei niedrigen Photonenflussdichten bis 85 $\mu E \cdot m^{-2} \cdot s^{-1}$ gemessen. Das Wachstum nahm linear mit der Erhöhung der Lichtintensität zu. Eine lineare Abhängigkeit des Wachstums unter gleichen Bedingungen wurde in der Literatur bis 72 $\mu E \cdot m^{-2} \cdot s^{-1}$ gezeigt. Weitere Werte bis 85 $\mu E \cdot m^{-2} \cdot s^{-1}$ sind nicht vorhanden, da die dort verwendete Beleuchtungseinrichtung nur Lichtintensitäten bis 72 $\mu E \cdot m^{-2} \cdot s^{-1}$ erreicht hat [27]. Die Verlängerung der Gerade bis zur Abszisse gibt den Lichtkompensationspunkt I_K an, an dem das Wachstum und der Erhaltungsstoffwechsel sich kompensieren. Der so ermittelte Lichtkompensationspunkt I_K lag mit 5 $\mu E \cdot m^{-2} \cdot s^{-1}$ in guter Übereinstimmung mit dem in früheren Arbeiten experimentell bestimmten Lichtkompensationspunkt für kontinuierliche Kulturen von *Porphyridium purpureum*, der 6 $\mu E \cdot m^{-2} \cdot s^{-1}$ betrug [73]. Eine weitere ablesbare Größe aus der Wachstums-Lichtintensität-Kurve im lichtlimitierten Bereich ist α [101]. Sie stellt den Proportionalitätsfaktor zwischen dem Wachstum und dem absorbierten Licht durch die Photosysteme dar. Wird α in hoch konzentrierten Mikroalgenkulturen bestimmt, kann dieser Wert direkt zur Bestimmung der maximalen Photonenausbeute benutzt werden. Voraussetzung ist, dass die für die Photosynthese aktive Bestrahlung vollständig absorbiert wird [102]. In dieser Arbeit konnte α nicht für die direkte Bestimmung der maximalen Photonenausausbeute benutzt werden, da mit einer homogen bestrahlten Algensuspension gearbeitet wurde, die nur ein kleiner Teil des einfallenden Lichtes absorbierte.

<u>Sättigungsbereich</u>

Ab einer Lichtintensität von I_K = 85 $\mu E \cdot m^{-2} \cdot s^{-1}$ fing der Bereich der Sättigung an, in dem es keinen linearen Zusammenhang zwischen absorbiertem Licht und Wachstumsrate mehr gab. I_K wird folgendermaßen definiert: I_K = μ_{max} / α ([102; 103]) und kennzeichnet den Beginn dieser Phase. Die Photosyntheserate und damit das Wachstum sollen ab diesem Punkt nicht mehr durch die Lichtmenge, sondern durch die enzymatischen Schritte zur Fixierung von CO_2 im Calvin-Zyklus limitiert sein. Ein

Teil der absorbierten Lichtenergie wird nicht über die Photosynthese vollständig in chemisch gebundene Energie umgewandelt sondern geht in Form von Wärme oder Fluoreszenz verloren. Ab I_S = 240 $\mu E \cdot m^{-2} \cdot s^{-1}$ wurde die maximale Wachstumsrate μ_{max} = 0,72 d^{-1} erreicht. Ab dieser Photonenflussdichte bis 710 $\mu E \cdot m^{-2} \cdot s^{-1}$ blieb die Wachstumsrate unabhängig von der Zunahme der Lichtintensität bei 0,72 d^{-1}. Photoinhibition wurde bis 710 $\mu E \cdot m^{-2} \cdot s^{-1}$ nicht festgestellt. In diesem Bereich würde die spezifische Wachstumsrate mit zunehmender Lichtintensität abnehmen.

Nach der Aufnahme der Wachstums-Lichtintensität-Kurve für die Rotalge wurde der Arbeitspunkt für die Untersuchungen der Einfluss von Hell/Dunkel-Zyklen auf die Stoffwechselaktivität der Alge im Bereich der Lichtsättigung festgelegt. Eine Photonenflussdichte von 270 $\mu E \cdot m^{-2} \cdot s^{-1}$ wurde gewählt. Die spezifische Wachstumsrate ist bei dieser Lichtintensität gleich μ_{max}. Unabhängig von der Dauer der Hell- und Dunkel-Phasen der Zyklen, muss immer die gleiche Lichtmenge den Zellen zur Verfügung stehen. Die maximal einstellbare Lichtintensität mit der neuen Beleuchtungseinrichtung liegt bei etwa 2000 $\mu E \cdot m^{-2} \cdot s^{-1}$. Die Auswahl von 270 $\mu E \cdot m^{-2} \cdot s^{-1}$ als absolute Lichtmenge, ermöglichte die Einstellung von längeren Dunkelphasen, die sich laut Literaturaussagen positiv auf das Wachstum unter Sättigung auswirken soll [80].

5.2.2 Wachstum und Produktbildung unter Hell/Dunkel-Zyklen

Der Effekt von Hell/Dunkel-Zyklen auf die Wachstumskinetik der Rotalge im Vergleich zur Dauerbeleuchtung unter Lichtsättigung wurde mit Zyklen einer Gesamtdauer von 6 Sekunden und 70, 40, 20, 10 Millisekunden untersucht. Die Dauer diese Zyklen deckt einen Teil der auftretenden H/D-Zyklen in verschiedenen Photobioreaktoren je nach Lichtweg, Biotrockenmassekonzentration und Durchmischung [77; 78; 81; 104; 105] ab. Der Blitzlichtanteil Φ definiert als der Anteil der Dauer der Hell-Phase t_F zur gesamt Blitzdauer ($t_F + t_D$) [80] wurde bei den Zyklen mit 6 Sekunden, 40, 20 und 10 Millisekunden bei 0,5 eingestellt. Damit wurde die Tendenz der Effekte der Blitze bei steigender Frequenz unter gleichem Blitzanteil untersucht. Ein weiterer Versuch mit Φ = 0,14 und eine Gesamtzyklusdauer von 70 Millisekunden wurde durchgeführt, um den Einfluss einer längeren Dunkelphase zu prüfen. Die gemessenen spezifischen Wachstumsraten unter Hell/Dunkel-Zyklen wurden in der Lichtintensität-Wachstums-Kurve aufgetragen (siehe Abb. 5.1). Aus Abbildung 5.1 wird deutlich, dass das Wachstum unter Hell/Dunkel-Zyklen mit einer

Dauer von 3s/3s etwa die Hälfte des Wachstums bei gleicher Photonenflussdichte unter Dauerbeleuchtung beträgt. Unter schnelleren Zyklen mit 20ms/20ms und 10ms/60ms Dauer wird die spezifische Wachstumsrate fast gleich der bei Dauerbeleuchtung. Gleiches Ergebnis wurde bei dem Zyklus mit einer längeren Dunkelphase erreicht. Besonders Interessant sind die Ergebnisse der 10ms/10ms und 5ms/5ms Zyklen. Unter solchen Lichtverhältnissen steigt die spezifische Wachstumsrate deutlich über den Wert unter Dauerbeleuchtung.

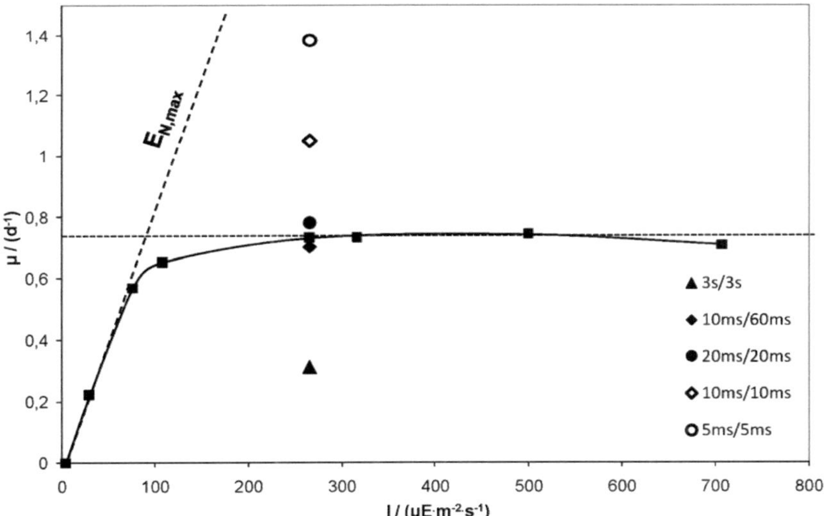

Abb. 5.1. Auftragung der experimentell ermittelten spezifischen Wachstumsraten der Rotalge *Porphyridium purpureum* unter Hell/Dunkel-Zyklen unterschiedlicher Dauer in der Lichtintensität-Wachstums-Kurve für Dauerbeleuchtung. Die absolute Photonenflussdichte in den Hell/Dunkel-Zyklen war gleich die für Dauerbeleuchtung: 270 μE·m^{-2}·s^{-1}. $E_{N,max}$ maximale Nutzungseffizienz der absorbierten Photonen; μ_{max} maximale spezifische Wachstumsrate unter Dauerbeleuchtung.

Diese Beobachtung wird zum ersten Mal in dieser Arbeit festgestellt. Sie zeigt, dass der Flashing-Light-Effekt ab bestimmten Frequenzen, hier ab 25 Hz, zu einem höheren Wachstum führt als unter Dauerbeleuchtung. Das Licht wird in diesem Fall effizienter für die Photosynthese benutzt. In der Literatur wird bis jetzt immer angenommen und gezeigt, dass unter optimalen Hell/Dunkel-Zyklen insgesamt eine hohe Wachstumsrate erreicht wird, die aber maximal gleich der unter Dauer-beleuchtung ist [78; 79; 80; 81; 106].

Die Auswirkung von intermittierendem Licht auf das Wachstum und somit auf die Photosyntheseeffizienz wird in der Literatur als Problem der Lichtintegration betrachtet [79]. Bei langsamen Frequenzen stellen die Zellen ihren Stoffwechsel auf die momentane Lichtintensität um. Die spezifische Wachstumsrate während der Hell-Phase gleicht der maximalen spezifischen Wachstumsrate bei Dauerbeleuchtung, kann aber nicht während der Dunkel-Phase konstant erhalten werden. In diesem Fall findet keine Zeitintegration der Lichtenergie statt. Die Photosyntheseeffizienz ($Y_{x,E} = \frac{\mu}{E}$) nimmt im Vergleich mit der in Dauerbeleuchtung ab [80]. Die in dieser Arbeit ermittelte spezifische Wachstumsrate der Rotalge im 3s/3s-Zyklus ist demnach wegen fehlender Lichtintegration mit 0,31 d^{-1} weniger als halb so hoch wie die spezifische Wachstumsrate unter Dauerbeleuchtung bei gleicher Lichtmenge mit 0,73 d^{-1}. Die Photosyntheseeffizienz nimmt um 58% ab. Die lange Dauer der Dunkel-Phase führt zu einer Umstellung des Stoffwechsels der Zellen auf Atmung. Janssen [78] untersuchte den Effekt von einen 3s/3s-Zyklus auf die Photosyntheseeffizienz von der Alge *Dunaliella tertiolecta*. Er beobachtete, dass die spezifische Wachstums-rate proportional zu Φ um 50% abnahm. Er begründete dieses Ergebnis durch die nicht vorhandene Lichtintegration wegen geringer Frequenz des Zyklus. In dieser Arbeit war die Abnahme der spezifischen Wachstumsrate höher als Φ. Die ständige Adaptation zur Atmung hatte möglicherweise den Zellen mehr Energie gekostet als bei *Dunaliella*. Die Pigmentbildungsraten von *Porphyridium purpureum* beim 3s/3s-Zyklus war gleich groß der Pigmentbildungsraten unter Dauerbeleuchtung bei gleicher Photonenflussdichte obwohl das Wachstum halb so groß war. Dies zeigt, dass die Zellen unter Lichtlimitierung wuchsen. Die Zunahme des Pigmentgehalts im Vergleich zu dem in Dauerbeleuchtung bestätigt diese Lichtlimitierung. Eine Zu-nahme des Pigmentgehaltes von Rotalgen bei Abnahme der Lichtintensität wird auch unter Dauerbeleuchtung beobachtet [107; 108; 109; 110].

Steigt die Frequenz der Hell/Dunkel-Zyklen an, führen die Zellen eine Zeitintegration der Lichtenergie aus. Dies geschieht wenn die gebildeten ATP und $NAPH_2$ während der Hell-Phase durch die enzymatischen Reaktionen in die folgende Dunkel-Phase weiterverarbeitet werden. Bei schnellen Frequenzen wird die Photosyntheserate aus der durchschnittlichen Lichtintensität auf die Zellen berechnet. Der Flashing-Light-

Effekt führt zu einer Erhöhung der Photosyntheseeffizienz im Vergleich zur langsamen H/D-Zyklen und wird als Technik vorgeschlagen, um eine Erhöhung der Lichtnutzung und damit maximale Produktivität hoch konzentrierter Zellkulturen zu erreichen [79; 111; 112; 113; 114]. Phillips & Myers [79] untersuchten als eine der ersten Autoren die Auswirkung des Flashing-Light-Effekts auf die Wachstumsrate von *Chlorella*. Sie fanden heraus, dass vollständige Lichtintegration bei Zyklen mit einer Dauer der Hell-Phase von einer Millisekunde auftrat. In diesem Fall stieg die spezifische Wachstumsrate in Abhängigkeit der Lichtintensität gleichermaßen wie unter Dauerbeleuchtung. Als einziger Autor beobachtete er sogar eine leichte Erhöhung der spezifischen Wachstumsrate von maximal 15% bei Zyklen mit einer Hellphase von 17 Millisekunden mit $\Phi = 0,2$ und 4 Millisekunden mit $\Phi = 0,2$ und 0,3. Er bezeichnete dieses Ergebnis als unerwartet. Eine Vermutung dazu wurde nicht gestellt. Unter vollständiger Lichtintegration wurden spezifische Wachstumsraten erwartet, die maximal gleich den Raten unter Dauerbeleuchtung waren. Der Grund wurde auf die Limitierung der Lichtnutzung durch die langsameren enzymatischen Schritte zur CO_2 Fixierung zurückgeführt. Die Steigerung der Photosynthese-effektivität hing von der Dauer der Hell-Phase und der anschließende Dunkel-Phase ab. Die Untersuchungen von Janssen [78] zeigten, dass Hell/Dunkel-Zyklen von 94ms/94ms zur Lichtintegration bei *Dunaliella tertiolecta* führten. In diesem Fall war die spezifische Wachstumsrate unter diesen H/D-Zyklen fast gleich der in Dauerbeleuchtung bei gleichen absoluten Photonenflussdichten.

Ab welcher Frequenz der Flashing-Light-Effekt Auftritt ist von Alge zu Alge unterschiedlich. Faktoren wie die Photoakklimatisierung der Zellen, Temperatur, hohe der Lichtintensität, Anteil und Dauer an Hell und Dunkel Phase haben einen Einfluss darauf [80; 81; 115]. Die Ergebnisse in dieser Arbeit zeigen, dass die spezifische Wachstumsrate bei *Porphyridium purpureum* unter einem H/D-Zyklus von 10ms/60ms Dauer fast gleich der spezifischen Wachstumsrate unter Dauer-beleuchtung ist. Die Photosyntheseeffizienz nimmt gegenüber den langsamen H/D-Zyklus von 3s/3s deutlich zu und erreicht die Höhe der maximalen Effizienz bei Dauerbeleuchtung. Der H/D-Zyklus mit 20ms/20ms Dauer führt sogar zu einer leichten Erhöhung der spezifischen Wachstumsrate gegenüber Dauerbeleuchtung. Den Literaturaussagen nach würden diese Zyklen mit einer Frequenz von 14 Hz und 25 Hz zur Vollintegration des Lichtes führen und zur maximalen Photosynthese-effizienz. Die spezifischen Wachstumsraten unter H/D-Zyklen von 10ms/10ms und

5ms/5ms Dauer sind um 40% und 90% höher als μ_{max} unter Dauerbeleuchtung. Sie widersprechen den bis jetzt angenommenen Ansichten, dass die Photosyntheseeffizienz unter Hell/Dunkel-Zyklen höchstens gleich groß sein kann wie bei Dauerbeleuchtung, jedoch nicht größer. Die Auftragung der spezifischen Wachstumsraten unter H/D-Zyklen in Abbildung 5.1 zeigt deutlich, dass noch schnellere Frequenzen als 100 Hz sogar zur maximalen Effizienz der Ausnutzung der absorbierten Photonen $E_{N,max}$ führen könnten, wie es der Fall unter Lichtlimitierung ist (siehe Verlängerung der durchgestrichenen Linie). Wäre dies der Fall und könnten solche Zyklen in Photobioreaktoren eingestellt werden, würde eine maximale Produktivität erreicht. Wie hoch die Photosyntheseeffizienz von *Porphyridium purpureum* unter Dauerbeleuchtung im Bereich der Lichtsättigung war, wurde nicht bestimmt, da hier mit einer gleichmäßig beleuchteten Algensuspension gearbeitet wurde, in der nur ein kleiner Teil des Lichtes absorbiert wurde. Aus der Literatur wird von Werten zwischen 10% und 18% berichtet und die Effizienz kann theoretisch bis zu 29% steigen [6]. Die spezifischen Bildungsraten von Pigmenten, Polysacchariden (freien, gebundenen und intrazellulären) und Proteinen nahmen bei allen Zyklen im Millisekundenbereich so wie das Wachstum mit zunehmender Frequenz zu. Dies ist auf die Erhöhung der Stoffwechselaktivität zurückzuführen.

Wie schon erwähnt, sind in der Literatur bis jetzt keine höheren Wachstumsraten unter Hell/Dunkel-Zyklen gegenüber Dauerbeleuchtung, wie der Fall hier ist, gemessen worden. Ein Grund dafür könnte die Art sein, in der die Messungen stattgefunden haben. In der Literatur wurde meistens die Sauerstoffentwicklung einer Zellsuspension in einer Küvette und nicht im Reaktor über mehrere Minuten gemessen. Die Zellen stammen meistens aus einer Batch-Kultivierung unter Dauerbeleuchtung mit undefinierten Lichtverhältnissen. In dieser Arbeit wurde im Turbidostat-Betrieb gearbeitet und die Bestimmung der spezifischen Wachstumsrate fand über ein Zeitintervall von mehreren Tagen statt. Außerdem wurde erst nach zwei bis drei Tagen, seit dem die Lichtverhältnisse im Reaktor geändert wurden, mit der Berechnung der Wachstumsrate begonnen. Damit wurde sichergestellt, dass alle Zellen an die neuen Bedingungen adaptiert waren. Durch die längeren Kultivierungszeiten über Tage könnten eventuell bestimmte Zellvorgänge aktiviert worden sein, die sonst innerhalb weniger Minuten nicht aktiviert werden könnten.

In den folgenden Absätzen wird versucht ein Indiz zu finden, welche Zellvorgänge an dem Flashing-Light-Effekt beteiligt sein könnten, die zu höheren spezifischen Wachstumsraten als unter Dauerbeleuchtung bei der Lichtsättigung führen.

Trifft Licht auf die Zelle, wird sie durch die Antennenpigmente absorbiert und bis zum Reaktionszentrum PSII weitergeleitet. Dieser Energietransfer benötigt Zeiten von etwa 10^{-15} Sekunden [116]. Die folgenden Reaktionen, bei denen Elektronen unter Bildung von O_2 zum PSI weitergeleitet werden und ATP und $NADPH_2$ entstehen, verlaufen mit Geschwindigkeiten von 10^{-12} Sekunden bei den ersten Elektronen-transferschritten und bis 10^{-6} Sekunden am Ende der Transferkette [42]. Die enzymatische Fixierung und Reduktion von CO_2 zu Kohlenhydraten während der Dunkelreaktion findet unter Zeitkonstanten von 10^{-3} bis $1{,}5 \cdot 10^{-2}$ Sekunden statt. Die Lichtreaktion verläuft damit spontan ab und die Umsatzgeschwindigkeit der Photosynthese wird von den enzymatischen Schritten der Dunkelreaktion limitiert [81; 117; 118]. Unter Lichtsättigung bringt eine Erhöhung der Lichtintensität keine Änderung in der Photosyntheserate bzw. Wachstumsrate und ein weiterer Anstieg kann sogar zur Photoinhibition führen. Die Bildungsrate von ATP und $NADPH_2$ ist so hoch, dass das Enzymsystem, zuständig für die Dunkelreaktion bezüglich ATP und $NADPH_2$, gesättigt ist. Die überflüssige Lichtenergie wird in den Antennenpigmenten in Form von Fluoreszenz oder Wärmestrahlung abgeführt [119]. Die in dieser Arbeit erzielten Ergebnisse, in denen höhere spezifische Wachstumsraten unter H/D-Zyklen ab 20ms/20ms Dauer als unter Dauerbeleuchtung auftreten, deuten darauf hin, dass enzymatische Vorgänge in der Dunkelreaktion aktiviert oder beschleunigt sein müssten. Ribulose 1,5-biphosphat Carboxylase/Oxygenase (Rubisco, EC 4.1.1.39) katalysiert den anfänglichen und limitierenden Schritt im photosynthetischen Kohlenstoff-Reduktions-Zyklus, in dem Ribulose 1,5-bophosphat (RuBP) und CO_2 in zwei Molekülen D-3-phosphoglycerat umgewandelt werden. Die Aktivierung von Rubisco hängt von vielen Faktoren ab, einer davon ist Licht. Die Lichtaktivierung von Rubisco in vivo wird durch ein spezifisches Chloroplast Protein vermittelt, die Rubisco Aktivase, und ist kein spontaner Prozess. Die Aktivierung von Rubisco ist ebenfalls vom ATP-Gehalt abhängig, als einziges Enzym des Calvin Zyklus. Bei den anderen Enzymen spielt der ATP-Gehalt eine Rolle in der Rate der Katalyse nicht aber in dem Aktivierungszustand. Die Rubisco-Aktivase wird wiederum durch Thioredoxin aktiviert. Die Konzentration von Rubisco in der Zelle ist unabhängig von der Lichtintensität und bleibt konstant [118].

Fazit 1: Wenn das der Fall ist, könnte der Aktivierungszustand von Rubisco durch die Lichtverhältnisse erhöht werden.

Der Calvin-Zyklus wird von der Disulfidreduktion in Schlüsselenzymen und Ion-Bewegungen reguliert. Mehrere Enzyme vom Calvin-Zyklus werden durch die Reduktion von Disulfidverbindungen zwischen Cysteinresten aktiviert. Diese Reduktion wird durch Thioredoxin vermittelt, ein kleines redox-aktives Protein, das auch ein Paar der Cysteinreste enthält, die entweder reduziert oder oxidiert werden können. Thioredoxin wird durch das Enzym Ferredoxin-Thioredoxin-Oxidoreduktase (FTR) reduziert, das wiederrum von Ferredoxin reduziert wird. Ferredoxin wird während der Lichtreaktion gebildet. Ferredoxin bindet in der eine Seite von FTR und überträgt Elektronen zu einem Fe-S Cluster, die die Elektronen zu Thioredoxin übertragen. Thioredoxin ist an der anderen Seite der FTR gebunden. Als Zwischen-produkt entsteht ein gemischtes Disulfid zwischen FTR und Thioredoxin. Die Enzyme des Calvin-Zyklus, die von Thioredoxin aktiviert werden, sind diejenigen für die Reduktion von PGS (Glycerinsäure-3-Phosphat) zu GAP (Glycerinaldehyd-3-Phosphat) zuständig, NADPH-Glyceraldehyd Phosphat Dihydrogenase und drei Enzyme der Regenerationsphase, die Fructose 1,6-biphosphat Phosphatase, Sedophetulose 1,7-biphosphat Phosphatase und Phosphorribulokinase. Außerdem wird die Rubisco Aktivase auch durch Thioredoxin aktiviert [117].

Fazit 2: Wird die Reduktion von FTR durch Ferredoxin durch die H/D Zyklen erhöht gegenüber Dauerbeleuchtung, kann die Aktivität der Enzyme aus den Calvin-Zyklus erhöht werden und dadurch die CO_2 Fixierung, bei gleichbleibender Anzahl an Lichtenergie.

Um unterscheiden zu können, welcher der limitierende Schritt im Calvin Zyklus ist, sollten die Verhältnisse der Metabolitenanteile in den Chloroplasten der Zellen gemessen werden. Zum einen unter Lichtsättigung und Dauerbeleuchtung, zum anderen in dem Fall von *Porphyridium purpureum* unter H/D-Zyklen mit Frequenzen ab 25 Hz. Dafür mussten die Zellen für jede Wachstumsbedingung schnell mit Stickstoff eingefroren werden und die Metaboliten durch Extraktion aus den Chloroplasten gewonnen und quantifiziert werden [120]. Solche Untersuchungen könnten vielleicht eine Erklärung für das Verhalten der Stoffwechselaktivität der Alge unter fluktuierendem Licht bringen.

5.3 Regulation und biologische Funktion der Polysaccharide

In den durchgeführten Kultivierungen dieser Arbeit wird eine deutliche Korrelation zwischen Biomasse- und Polysaccharidkonzentration gezeigt. Der spezifische Gehalt an Polysacchariden, sowohl der der freien als auch der der gebundenen, bleibt nach der anfänglichen lag-Phase bis zum Ende der Kultivierung konstant. Der eingesetzte Reaktor (Schüttelkolben, GBF, BE1, BE2), die Betriebsart (Batch oder Turbidostat) und die Änderung der Lichtverhältnisse während der Kultivierung beeinflussen diesen Zusammenhang nicht. Diese Beobachtungen stimmen mit denen aus früheren Arbeiten überein [27; 73]. Die Produktion an Polysacchariden wird durch die Zellen angepasst, damit der spezifische Polysaccharidgehalt konstant bleibt. Wird der Polysaccharidgehalt plötzlich durch Zugabe an Polysacchariden erhöht, stoppen die Zellen die Polysaccharidproduktion [27]. Ein regulatorischer Prozess muss in der Mikroalge zur Produktion an Polysacchariden gegeben sein, der eine Wahrnehmung der Polysaccharidkonzentration voraussetzt. Diese Wahrnehmung wurde in einer früheren Arbeit unter dem Begriff Produkt-Sensing definiert [27]. Die durchgeführten Untersuchungen dieser Arbeit sollen Informationen über die Steuerung der Polysaccharidproduktion liefern. Bislang wurde diesbezüglich sehr wenig geforscht. Eine Erhöhung der Produktivität dieser Bioploymere kann dann durch eine kontinuierliche Abtrennung angestrebt werden.

5.3.1 Polysaccharid-Abtrennung

Um untersuchen zu können, welcher Einfluss eine Abnahme der Polysaccharid-konzentration auf die Produktivität dieser Biopolymere hat, soll die Abtrennung der gelösten Polysaccharide im Medium verbessert werden. Nur wenn diese Konzentration während der Kultivierung in kürzerer Zeit durch die Abtrennung stark reduziert werden kann, wird eine deutliche Antwort der Zellen auf dieser Veränderung erwartet. Eine Röhrenzentrifuge und sechs Querstromfiltrationsmodule mit unterschiedlichen cut-offs, von 300 kDa bis 3 µm, wurden getestet. Röhrenzentrifugen werden in der Biotechnologie zur Zellabscheidung eingesetzt. Weiterhin werden unterschiedliche Wirkstoffe wie Vitamine, Steroide, Hormone, Antibiotika etc. direkt aus Fermenterösungen extrahiert [121]. Mit der getesteten Röhrenzentrifuge wurde eine sehr gute Abtrennung zwischen Zellen und Medium mit Polysacchariden erzielt. Allerdings war der Zellverlust an dem inneren Rotor so hoch, dass sie nicht während der Kultivierung zur kontinuierlichen Abtrennung von

Polysacchariden eingesetzt werden konnte. Mit der Querstromfiltration ist eine kontinuierliche Abtrennung möglich. Dieses Trennverfahren wird im Downstream eines Bioprozesses großtechnisch nach der primären Biomasseabtrennung zur Steril- und Klarfiltration eingesetzt [122; 123; 124]. Weiterhin wird er zur großtechnischen und im Labormaßstab zur Biopolymerkonzentrierung, -isolierung und -fraktionierung verwendet [125]. Die verwendeten Questromfiltrationsmodule wurden nach der Durchlässigkeit der Membran für Polysaccharide, Filtratfluss und Zellrückführung getestet. Die Molekülargröße des Polysaccharids liegt bei $2,3 \cdot 10^3$ kDa und wird auf eine globuläre Struktur bezogen. Bei den Modulen mit cut-offs von 300 kDa, 0,45 µm und 1 µm wurden Durchlässigkeiten von bis zu 30% je nach Einstellung gemessen. Theoretisch sollten die Polysaccharide wegen der größeren Molekülargröße als der Cut-off der Membran vom Querstrommodul zurückgehalten werden. Die 30%ige Durchlässigkeit lässt sich nur durch die Konformation der Polysaccharide erklären. Liegen sie nicht in globulärer Form sondern langestreckt vor, sind sie in der Lage selbst 300 kDa Membranen zu passieren. Die beste Abtrennung wurde mit einem Querstromfiltrationsmodul erzielt, in der eine hydrophobe Membran mit einen Cut-off von 3 µm eingebaut war. Die maximal gemessene Durchlässigkeit für Polysaccharide dieser Membran lag bei 81%. Die Zellrückführung war mit 93% sehr hoch. Der Filtratvolumenstrom war mit 0,0765 $L \cdot h^{-1}$ zu gering. Grund dafür war die kleine Filtratfläche des selbstgebastelten Moduls, in dem die 3 µm Membran eingebaut wurde. Die notwendige zehnfache Erhöhung der Filtratfläche, die notwendig ist, um innerhalb von zwei Stunden die Polysaccharid-konzentration im Reaktor um die Hälfte zu senken, konnte bis zur Ende dieser Arbeit nicht realisiert werden. Die käuflichen Module zur Bioproduktaufbereitung werden mit Membranen mit Cut-offs von maximal 1,2 µm [126; 127] angeboten. Eine Extra-anfertigung wurde Aufgrund der kleinen Stückzahlen abgelehnt. Die Firma GEA [128] bietet im Bereich der Lebensmittelaufbereitung Querstromfiltrationsmodule mit Porengrößen von bis zur 5 µm an, jedoch im technischen und industriellen Maßstab. Das Volumen von den am Institut für Bio- und Lebensmitteltechnik vorhandenen Photobioreaktoren ist zu gering, um solche Module während einer Kultivierung im kontinuierlichen Betrieb einsetzen zu können.

5.3.2 Kultivierungen mit Querstromfiltration

Der Einfluss der Abnahme der Konzentration der im Medium gelösten Polysaccharide und der mechanische Stress der Querstromfiltration auf das Wachstum und die Polysaccharidbildung wurden durch diese Kultivierungen untersucht. Mit dem Einsatz des 1 µm Querstromfiltrationsmoduls wurde eine Ausbeute von 22% an Polysacchariden im Filtrat erzielt. Mit den 10 kDa und 0,45 µm Filtrationsmodulen wurde eine Ausbeute von 0,1% und 1% erreicht. Sie war so gering, dass die Antwort der Zellen auf mechanischen Stress durch die Filtration zurückgeführt werden könnte. In allen drei Kultivierungen reagierten die Zellen auf den Einsatz der Querstromfiltration gleich. Die spezifische Wachstumsrate und die Produktbildungsrate an Pigmenten und Proteinen nahmen gegenüber der kontinuierlichen Phase ohne Querstromfiltration ab. Die spezifische Produktbildungsrate und der spezifischen Gehalt an freien und gebundenen Polysacchariden nahmen dafür zu. Die Änderungen an der Stoffwechselaktivität zu Gunsten der Polysaccharidbildung waren unabhängig vom eingesetzen Filtrationsmodul von ähnlicher Größenordnung. Der Beitrag der Abnahme der Polysaccharidkonzentration durch den 1 µm Filtrationsmodul zum Produkt-Sensing-Verhalten der Mikroalge war ähnlich wie der mechanische Stress, den die Zellen durch die Filtration erfuhren. Um den Einfluss der Abnahme der Polysaccharidkonzentration auf die Polysaccharidbildung vom mechanischen Stress durch die Filtration zu entkoppeln, müsste die Konzentration an Polysacchariden im Reaktor schneller abnehmen. Dieses Ziel könnte mit dem Einsatz der oben beschriebenen 3 µm Membran erreicht werden. *Porphyridium purpureum* zählt als eine robuste Mikroalge gegen Scherkräfte [129; 130]. Diese Robustheit könnte auf die Umhüllung der Zelle durch die gebundene Polysaccharide zurückgeführt werden. Als eine der biologischen Funktionen der Polysaccharide wird in der Literatur der Schutz gegen mechanische Beanspruchung vermutet [131; 132]. Die hier beobachtete Zunahme der Polysaccharidbildung und des spezifischen Gehalts als Antwort auf den Stress durch die Filtration würde die biologische Funktion gegen mechanische Beanspruchung der Polysaccharide unterstützen.

5.3.3 Einfluss der Zugabe an frischem ASW-Medium

Während des Einsatzes der Querstromfiltration in einer Kultivierung muss der Filtratvolumenstrom durch einer Erhöhung der Zugabe von frischem ASW-Medium ausgeglichen werden. Damit wird sichergestellt, dass das Reaktorvolumen während des kontinuierlichen Betriebs konstant bleibt. Um ausschließen zu können, dass die Zugabe an frischem ASW-Medium keinen Einfluss auf das Produkt-Sensing-Verhalten der Alge hat, wurde eine Reihe von Batchkultivierungen im Schüttelkolben durchgeführt. Die Ergebnisse zeigen deutlich, dass die spezifische Produktbildungsrate an freien Polysacchariden gestoppt wird bzw. negative Werte annimmt, nur wenn die Konzentration dieser Biopolymere im Medium gesteigert wird. Wird frisches ASW-Medium zugegeben, bleibt die spezifische Produktbildungsrate an freien Polysacchariden unverändert. Damit wird bestätigt, dass die Mikroalge in der Lage ist, die Konzentration an freien Polysacchariden in Medium schätzen zu können [27] und nur eine Änderung des spezifischen Gehaltes dieses Polysaccharids einen Einfluss auf ihre Produktivität hat. Die Zugabe an frischem ASW-Medium hat keinen Einfluss auf das Produkt-Sensing-Verhalten der Mikroalge. Bleibt die Frage offen, durch welche Signalmoleküle *Porphyridium purpureum* die Polysaccharidkonzentration im Medium erkennen kann.

Die Wahrnehmung der Umgebung durch Mikroorganismen wird in der Literatur mit dem Begriff Quorum-Sensing definiert. Bakterien sind in der Lage über die Anzahl an Autoinduktoren (extrazelluläre Moleküle, meistens *N*-Acyl-Homoserin-Lacton) die Zellkonzentration eigener und fremder Kolonien zu erfassen. Je nach vorhandener Zelldichte werden Gen-Expressionen gesteuert, die z.B. zur Bildung von Enzymen führen, die die pflanzlichen Zellmembranen zerstören [133; 134; 135; 136]. Pflanzen und Algen wie *C. reinhardtii* und *Chlorella spp* sind in der Lage, das Quorum-Sensing pathogener Bakterien zu verwirren. Durch die Ausscheidung von Verbindungen, die die Signalmoleküle der Bakterien imitieren, stört die Regulation die Infektion über Quorum-Sensing dieser pathogenen Bakterien und schützen sie sich davor [137; 138; 139; 140]. Oligosaccharide, Glykoproteine und Glykopeptide sind weitere Signalmoleküle in Makroalgen und höheren Pflanzen. Durch sie wird die Präsenz von pathogenen Mikroorganismen erkannt und z.B. die Bildung von reaktiven O_2-haltigen Verbindungen zur Zerstörung der gebildeten Biofilme gefördert [141; 142]. Diese Literaturbefunde unterstützen unsere Annahme, dass *Porphyridium purpureum* in der Lage ist, die Polysaccharidkonzentration im Medium zu erkennen.

Eine weitere Reihe Batchkultivierungen wurde durchgeführt, um näheres über die Natur der Signalmoleküle der Mikroalge zu erfahren. Eigene Polysaccharide wurden mittels Filtration (1,2 µm und 0,1 µm Membranen) fraktioniert. Die Filtrate wurden autoklaviert und zu den Batchkultivierungen zugegeben. Die Zugabe des Filtrats aus der 1,2 µm Membran und des unfiltrierten Mediums führten zur einen Stopp der Polysaccharidproduktion. Dies war nicht der Fall bei der Zugabe des Filtrats aus der 0,1 µm Membran. Die spezifische Bildungsrate an Polysacchariden blieb nach der Zugabe unverändert. Diese Ergebnisse zeigen, dass die Signalmoleküle, die in dem Produkt-Sensing-Verhalten von *Porphyridium purpureum* involviert sind, eine Molekulargröße zwischen 0,1 µm und 1,2 µm haben müssten und hitzeunempfindlich sind. Diesen ersten Indizien nach wären die Signalmoleküle eher Oligosaccharide als Glykoproteine oder Glykopeptide [141; 142] bzw. Glykoproteine, die eine Bindung mit dem Oligosaccharid eingegangen ist [33]. Eine eindeutige Bestimmung müsste durch eine Reihe von Strukturanalysen des 1,2 µm Filtrats durchgeführt werden.

6 Zusammenfassung

Mikroalgen haben ein technisch interessantes Potential für die Herstellung von hochwertigen Naturstoffen wie Pigmente, Polysaccharide, ungesättigte Fettsäurer, Lipide oder Antioxidanten. Das Interesse in der biotechnologischen Nutzung von Mikroalgen hat in den letzten Dekaden stark zugenommen. Der Einsatz ihrer Produkte erstreckt sich von der Futter-, Lebensmittel-, Kosmetik- und Pharma-industrie bis hin zur der Energiegewinnung. Allerdings ist die Photobioreaktor-entwicklung längst noch nicht abgeschlossen. Ein wichtiger Faktor, der im Photobioreaktordesign berücksichtigt werden muss, ist eine maximale Nutzung der eintreffenden Lichtenergie. Die Produktivität eines Reaktors und damit der wirtschaftliche Erfolg der phototrophen Biotechnologie hängen eng damit zusammen. In außenstehenden technischen Anlagen mit hohen Zelldichten treten aufgrunc gegenseitiger Abschattung Zonen mit unterschiedlichen Lichtintensitäten auf. Eine lichtgesättigte Zone an der Reaktoroberfläche folgt einer lichtlimitierten Zone und einer Dunkelzone, in der praktisch kein Wachstum sattfindet. Die Zellen werden ständig zwischen diesen Phasen von der Durchströmung gefördert. Je nach Dauer des Aufenthalts in der Dunkelzone können die Zellen die Wachstumsrate unter Dauerbeleuchtung nicht aufrechterhalten. Dadurch nimmt die Produktivität der Anlage ab. Wechseln die Zellen schnell genug zwischen den Hell- und Dunkel-Reaktorzonen und erfahren Hell/Dunkel-Zyklen im Millisekundenbereich, tritt nach Literaturaussagen der Flashing-Light-Effekt auf. Die Folge des Flashing-Light-Effekts ist eine Erhöhung der Photosyntheseeffizienz im Vergleich zu langsamen H/D-Zyklen. Sie kann jedoch einen maximalen Wert, und zwar bei Dauerbeleuchtung unter gleichen Photonenflussdichten, erreichen. In der vorliegenden Arbeit wurden die Auswirkungen von Hell/Dunkel-Zyklen im Sekunden- und vor Allem im Millisekundenbereich unter hohen Lichtintensitäten auf das Wachstum und die Produktbildung der Mikroalge *Porphyridium purpureum* untersucht. Der Flashing-Light-Effekt wurde ab Frequenzen von 14 Hz nicht nur bestätigt, sondern zum ersten Mal wurden ab Frequenzen von 50 Hz spezifische Wachstumsraten der Mikroalge gemessen, die höher waren als die unter Dauerbeleuchtung bei gleichen Photonen-flussdichten.

Diese Versuche wurden im Turbidostat-Betrieb unter definierten und geregelten Bedingungen durchgeführt. Sie erforderten die Entwicklung eines ideal durch-leuchteten Photobioreaktors mit einer Lichtquelle auf Basis von Leuchtdioden. Die ausgesuchten Leuchtdioden ermöglichten Photonenflussdichten in der Höhe des Sonnenlichtes von bis zur 2000 $\mu E \cdot m^{-2} \cdot s^{-1}$ und eine gute Spektralverteilung in photosynthetischen aktiven Bereichen (400 nm bis 700 nm). Durch ihre einfache Steuerung konnten Änderungen der Lichtintensität und Fluktuationen während einer Kultivierung problemlos eingestellt werden. Eine homogene Lichtverteilung innerhalb des Reaktorvolumens bei einer Zellkonzentration von 0,2 $g \cdot L^{-1}$ wurde durch die Überlappung zweier Effekte erreicht. Zum einem die Fokussierung des Lichtes durch die Auswahl eines zylinderförmigen Reaktors und den Einbau der Lichtquelle, zum anderen die exponentielle Lichtabnahme aufgrund von Streuung und Absorption durch die Zellen.

Die durchgeführten Untersuchungen zeigten, dass Hell/Dunkel-Zyklen mit einer Dauer von 3s/3s (0,17 Hz) zu halb so hohen spezifischen Wachstumsraten als unter Dauerbeleuchtung, bei gleicher Photonenflussdichte unter Lichtsättigung, führten. Ähnliche Befunde wurden in der Literatur berichtet [78]. Unter solchen langsamen Zyklen war die spezifische Wachstumsrate während der Hell-Phase gleich der bei Dauerbeleuchtung. Sie konnte aber nicht während der Dunkel-Phase konstant erhalten werden. Die Zellen wuchsen unter Lichtlimitierung, die durch eine Erhöhung des Pigmentgehalts im Vergleich zu der in Dauerbeleuchtung, bestätigt wurde. Unter schnelleren Zyklen mit 20ms/20ms (25 Hz) und 10ms/60ms (14 Hz) Dauer war die spezifische Wachstumsrate fast gleich der bei Dauerbeleuchtung. Der Anstieg der Frequenz der Hell/Dunkel-Zyklen führte laut Literaturaussagen zu einer Zeitintegration der Lichtenergie [80]. In diesem Fall konnten gebildete ATP und NAPH$_2$ während der Hell-Phase durch die enzymatischen Reaktionen in die folgende Dunkel-Phase weiterverarbeitet werden. Der Flashing-Light-Effekt fand unter diesen Frequenzen statt. Die Photosyntheseeffizienz erhöhte sich im Vergleich zu langsamen H/D-Zyklen bei gleichen Photonenflussdichten. Die spezifischen Wachstumsraten unter H/D-Zyklen von 10ms/10ms (50 Hz) und 5ms/5ms (100 Hz) Dauer waren um 40% und 90% höher als die spezifische Wachstumsrate unter Dauerbeleuchtung. Diese Beobachtung wurde zum ersten Mal in dieser Arbeit festgestellt und widersprach der bis jetzt angenommenen Ansicht, dass die Photosyntheseeffizienz unter Hell/Dunkel-Zyklen höchstens gleich groß sein kann wie bei Dauerbeleuchtung, jedoch nicht größer. Der Grund wurde auf die Limitierung der Lichtnutzung durch die langsameren enzymatischen Schritte zur CO_2 Fixierung zurückgeführt. Ob die Frequenz der eingestellten Zyklen zu einer Erhöhung der Aktivität solcher Enzyme geführt hat, konnte in dieser Arbeit nicht festgestellt werden. Die Ergebnisse zeigen, dass durch die gezielte Einstellung von Hell/Dunkel-Phasen mit Frequenzen ab 50 Hz in Photobioreaktoren, z.B. durch die Anpassung von Lichtweg und Strömungsverhältnis, sich die Lichtnutzung und somit die Produktivität der Anlage für die Kultivierung von *Porphyridium purpureum* unter Starklichtbedingungen sogar verdoppelt.

Ein zweites Ziel dieser Arbeit war Informationen über die Steuerung der Polysaccharidproduktion durch die Mikroalge zu gewinnen. *Porphyridium purpureum* strebt unabhängig von Reaktor, Betriebsart und Änderung an Lichtverhältnisser einen konstanten spezifischen Gehalt an freien Polysacchariden an. Änderungen des Gehalts beeinflussen die Produktion des Polymers. Dieses Verhalten wurden in früheren Arbeiten beobachtet und unter den Begriff Produkt-Sensing definiert [27]. Um untersuchen zu können, welcher Einfluss eine Abnahme der Polysaccharidkonzentration auf die Produktivität der Polysaccharide hat, wurde versucht die Abtrennung der gelösten Polysaccharide im Medium zu verbessern. Die Ergebnisse zeigten, dass durch den Einsatz eines Querstromfiltrationsmoduls mit einer 3 µm Membran eine schnelle Abnahme der Konzentration an Polysacchariden im Reaktor möglich wäre. Der Einsatz eines solchen Moduls während einer Kultivierung konnte im Verlauf dieser Arbeit nicht realisiert werden.

Der Einfluss vom mechanischen Stress der Querstromfiltration auf das Wachstum und die Polysaccharidbildung der Rotalge wurde durch den Einsatz von 1 µm, 0,45 µm und 10 kDa Modulen während der Kultivierungen untersucht. Eine Zunahme der Polysaccharidbildung und des spezifischen Gehalts als Antwort auf den Stress durch die Filtration wurde beobachtet. Dafür nahmen die spezifische Wachstumsrate und die Produktbildungsrate an Pigmenten und Proteinen ab. Diese Ergebnisse würden die vermutete biologische Funktion gegen mechanische Beanspruchung der Polysaccharide unterstützen. Hiermit wurde auch deutlich, wie wichtig der Einsatz eines Modules ist, der eine schnelle Abnahme der Polysaccharidkonzentration im Medium ermöglicht, wenn das Produkt-Sensing-Verhalten der Mikroalge dadurch untersucht werden muss.

Die Zugabe an frischem ASW-Medium während einer Kultivierung hatte keinen Einfluss auf das Produkt-Sensing-Verhalten der Mikroalge. Nur eine Zugabe an eigenen Polysacchariden während der Kultivierung stoppte die Polysaccharidproduktion. Das Kulturmedium mit gelösten Polysacchariden wurde mit zwei

Filtrationen (0,1 µm und 1,2 µm Membranen) fraktioniert. Die Filtrate wurden in die Kultivierung zugegeben. Nur die Zugabe des Filtrats aus der 1,2 µm Membran führte zu einem Stopp der Polysaccharidproduktion. Die Signalmoleküle, verantwortlich für die Erkennung der Polysaccharidkonzentration durch die Alge, müssten demnach eine Molekulargröße zw. 0,1 µm und 1,2 µm haben. Um welche Moleküle es sich genau dabei handelt und der genaue Regulationsmechanismus, der zuständig für die Polysaccharidproduktion ist, konnten im Rahmen dieser Arbeit noch nicht entschlüsselt werden. Kenntnis über die biologische Regelung der Polysaccharide durch die Mikroalge sollen genutzt werden, um zusammen mit einer optimalen Abtrennung einen effizienten Prozess zur Gewinnung dieser wertvollen Makro-moleküle in Produktionsanlagen zu etablieren.

7 Literaturverzeichnis

[1]   Pulz, O., Gross, W. (2004) Valuable products from biotechnology of microalgae. Applied Microbiology and Biotechnology. 65 (6): 635-648.

[2]   Spolaore, P., Joannis-Cassan C., Duran, E., Isambert, A. (2006) Commercial applications of microalgae. Journal of Bioscience and Bioengineering. 101 (2): 87-96.

[3]   Raja, R., Hemaiswarya, S., Kumar, N. A., Sridhar, S., Rengasamy, R. (2008) A perspective on the biotechnological potential of microalgae. Critical Reviews in Microbiology. 34 (2): 77-88.

[4]   Rosenberg, J. N., Oyler, G. A., Wilkinson, L., Betenbaugh, M. J. (2008) A green light for engineered algae: redirecting metabolism to fuel a biotechnology revolution. Current Opinion in Biotechnology. 19 (5): 430-436.

[5]   Chisti, Y. (2007) Biodiesel from microalgae. Biotechnology Advances. 25 (3): 294-306.

[6]   Pulz, O., Scheibenbogen, K. (1997) Photobioreactors: Design and Performance with Respect to Light Energy Input. In Bioprocess and Algae Reactor Technology, Apoptosis. Sheper, T. (ed.). Springer Verlag: Berlin, Heidelberg, New York.

[7]   Dvir, I., Chayoth, R., Sod-Moriah, U., Shany, S., Nyska, A., Stark, A. H., Madar, Z., Arad, S. M. (2000) Soluble polysaccharide and biomass of red microalga Porphyridium sp alter intestinal morphology and reduce serum cholesterol in rats. British Journal of Nutrition. 84 (4): 469-476.

[8]   Fabregas, J., Garcia, D., Fernandez-Alonso, M., Rocha, A. I., Gomez-Puertas, P., Escribano, J. M., Otero, A., Coll, J. M. (1999) In vitro inhibition of the replication of haemorrhagic septicaemia virus (VHSV) and African swine fever virus (ASFV) by extracts from marine microalgae. Antiviral Research. 44 (1): 67-73.

[9]   Geresh, S., Mamontov, A., Weinstein, J. (2002) Sulfation of extracellular polysaccharides of red microalgae: preparation, characterization and properties. Journal of Biochemical and Biophysical Methods. 50 (2-3): 179-187.

[10]   Matsui, M. S., Muizzuddin, N., Arad, S., Marenus, K. (2003) Sulfated polysaccharides from red microalgae have antiinflammatory properties in vitro and in vivo. Applied Biochemistry and Biotechnology. 104 (1): 13-22.

[11]   Minkova, K., Michailov, Y., TonchevaPanova, T., Houbavenska, N. (1996) Antiviral activity of Porphyridium cruentum polysaccharide. Pharmazie. 51 (3): 194-194.

[12]   Schenk, P. M., Thomas-Hall, S. R., Stephens, E., Marx, U. C., Mussgnug, J.
       H., Posten, C., Kruse, O., Hankamer, B. (2008) Second Generation Biofuels:
       High-Efficiency Microalgae for Biodiesel Production. Bioenergy Research. 1:
       20-43.

[13]   Ott, F. D. (1987) A Brief Review of the Species of Porphyridium-Cruentum with
       Additional Records for the Rarely Collected Alga Porphyridium-Sordidum
       Geitler, 1932 (Rhodophycophyta, Porphyridiales). Archiv für Protistenkunde.
       134 (1): 35-41.

[14]   Garbary, D., J., Gabrielson, P., W. (1990) Taxonomy and Evolution. In Biology
       of the Red Algae. Cole, K., M., Sheath, R., G. (ed.). University Press:
       Cambridge, New York, Port Chester, Melbourne, Sydney.

[15]   Hoek, v. d. C., Jahns, H., M., Mann, D., G. , Ed. (1993). Algen. 3. Auflage.
       Georg Thieme Verlag: Stuttgart, New York.

[16]   Woelkering, W., J. (1990) An Introduction in Biology of the red algae. In
       Biology of Red Algae. Cole, K., M., Sheath, R., G. (ed.). Cambridge University
       Press: Cambridge, New York, Port Chester, Melbourne, Sydney.

[17]   Littler, M. M., Littler, D. S., Blair, S. M., Norris, J. N. (1985) Deepest known
       plant life discovered on an uncharted seamount. Science. 227: 57-59.

[18]   Lüning, K., Ed. (1985). Meeresbotanik: Verbreitung, Ökophysiologie und
       Nutzung der marinen Makroalgen Thieme Verlag: Stuttgart, New York.

[19]   Allen, M., B. (1960) List of cultures maintained by laboratory of comparative
       biology. Richmond, C., A. (ed.). Kaiser Foundation Research Institute

[20]   Rieth, A. (1961) Ein marines Porphyridium von der Mittelmeerküste bei Neapel
       und die Berechtigung der Art Phorphyridium marinum Kylin Biologiste
       Zentralblatt. 80: 429-438.

[21]   Starr, R. C. (1960) The Culture Collection of Algae at Indiana-University.
       American Journal of Botany. 47 (1): 67-86.

[22]   Vischer, W. (1935) Zur Morphologie, Physiologie und Systematik der Blutalge
       Porphyridium cruentum Naegali. Verhandlunden der
       Naturforschungsgesellschaft. 46: 469-481.

[23]   Ramus, J. (1972) Production of Extracellular Polysaccharide by Unicellular
       Red Alga Porphyridium-Aerugineum. Journal of Phycology. 8 (1): 97-111.

[24]   Ramus, J. (1986) Rodophytes unicells: biopolymer physiology and production.
       In Algal Biomass Technology. Barclay, W., R., McIntosh, R., P. (ed.). J.
       Cramer: Berlin.

[25]   Arad, S. M., Adda, M., Cohen, E. (1985) The Potential of Production of
       Sulfated Polysaccharides from Porphyridium. Plant and Soil. 89 (1-3): 117-
       127.

[26]   Geresh, S., Malis, S. A. (1991) The Extracellular Polysaccharides of the Red Microalgae: Chemistry and Rheology. Bioresource Technology. 38 (2-3): 195-201.

[27]   Fleck-Schneider, P. (2004) Porphyridium purpureum: Strukturierte Modellbildung und experimentelle Validierung der Stoffwechselreaktion auf Hell-Dunkel-Zyklen. Dissertation. Universität Karlsruhe (TH).

[28]   Geresh, S., Adin, I., Yarmolinsky, E., Karpasas, M. (2002) Characterization of the extracellular polysaccharide of Porphyridium sp.: molecular weight determination and rheological properties. Carbohydrate Polymers. 50 (2): 183-189.

[29]   Heaney-Kieras, J., Chapman, D. J. (1976) Structural Studies on Extracellular Polysaccharide of Red Alga, Porphyridium cruentum. Carbohydrate Research. 52: 169-177.

[30]   Medcalf, D. G., Scott, J. R., Brannon, J. H., Hemerick, G. A., Cunningham, R. L., Chessen, J. H., Shah, J. (1975) Some Structural Features and Viscometric Properties of Extracellular Polysaccharide from Porphyridium-Cruentum. Carbohydrate Research. 44 (1): 87-96.

[31]   Percival, E., Foyle, R. A. J. (1979) Extracellular Polysaccharides of Porphyridium-Cruentum and Porphyridium-Aerugineum. Carbohydrate Research. 72: 165-176.

[32]   Ucko, M., Shrestha, R. P., Mesika, P., Bar-Zvi, D., Arad, S. (1999) Glycoprotein moiety in the cell wall of the red microalga Porphyridium sp (Rhodophyta) as the biorecognition site for the Crypthecodinium cohnii-like dinoflagellate. Journal of Phycology. 35 (6): 1276-1281.

[33]   Shrestha, R. P., Weinstein, Y., Bar-Zvi, D., Arad, S. (2004) A glycoprotein noncovalently associated with cell-wall polysaccharide of the red microalga Porphyridium sp. (Rhodophyta). Journal of Phycology. 40 (3): 568-580.

[34]   Li, S. Y., Shabtai, Y., Arad, S. (2000) Production and composition of the sulphated cell wall polysaccharide of Porphyridium (Rhodophyta) as affected by CO2 concentration. Phycologia. 39 (4): 332-336.

[35]   Arad, S. M., Friedman, O. D., Rotem, A. (1988) Effect of Nitrogen on Polysaccharide Production in a Porphyridium Sp. Applied and Environmental Microbiology. 54 (10): 2411-2414.

[36]   Ucko, M., Geresh, S., Simonberkovitch, B., Arad, S. M. (1994) Predation by a Dinoflagellate on a Red Microalga with a Cell-Wall Modified by Sulfate and Nitrate Starvation. Marine Ecology-Progress Series. 104 (3): 293-298.

[37]   Arad, S., Richmond, A. (2004) Industrial Production of Microalgal Cell-mass and Secondary Products - Species of High Potential - Porphyridium sp. In Handbook of Microalgal Culture. Biotechnology and Applied Phycology. Richmond, A. (ed.). Blackwell Publishing: Oxford, Iowa, Victoria.

[38]   Eteshola, E., Gottlieb, M., Arad, S. (1996) Dilute solution viscosity of red
        microalga exopolysaccharide. Chemical Engineering Science. 51 (9): 1487-
        1494.

[39]   Fuentes, M. M. R., Sanchez, J. L. G., Sevilla, J. M. F., Fernandez, F. G. A.,
        Perez, J. A. S., Grima, E. M. (1999) Outdoor continuous culture of
        Porphyridium cruentum in a tubular photobioreactor: quantitative analysis of
        the daily cyclic variation of culture parameters. Journal of Biotechnology. 70
        (1-3): 271-288.

[40]   Vonshak, A. (1992) Porphyridium. In Micro-algal biotechnology Borowitzka, M.
        A., Borowitzka, L. J. (ed.). Cambridge University Press: Cambridge, New York,
        Port Chester, Melbourne, Sydney.

[41]   Lips, S., H., Avissar, J., Y. (1986) Photosynthesis and Ultrastructur in
        Microalgae. In CRC Handbook of Microalgal Mass Culture. Richmond, A. (ed.)

[42]   Häder, Ed. (1999). Photosynthese. Georg Thieme Verlag.

[43]   Gantt, E. (1990) Pigmentation and Photoacclimation. In Biology of the Red
        Algae. Cole, K., M., Sheath, R., G. (ed.). Cambridge University Press:
        Cambridge, New York, Port Chester, Melbourne, Sydney.

[44]   Gantt, E. (1989) Porphyridium as a red algal model for photosynthesis studies.
        In Algae as experimental systems. Coleman, A., W., Goff, L., J., Stein-Taylor,
        j., R. (ed.). Alan R. Liss: New York.

[45]   Redlinger, T., Gantt, E. (1981) Phycobilisome Structure of Porphyridium-
        Cruentum - Polypeptide Composition. Plant Physiology. 68 (6): 1375-1379.

[46]   Scheer, H. (1986) Excitation transfer in phycobiliproteins. In Ecyclopedia of
        Plant Physiology. Vol. 19. Photosynthetic Membranes and Light-Harvesting
        Systems. Staehelin, L. A., Arntzen, C. J. (ed.). Springer verlag: Berlin.

[47]   Redlinger, T., Gantt, E. (1982) A Mr 95,000 Polypeptide in Porphyridium-
        Cruentum Phycobilisomes and Thylakoids - Possible Function in Linkage of
        Phycobilisomes to Thylakoids and in Energy-Transfer. Proceedings of the
        National Academy of Sciences of the United States of America-Biological
        Sciences. 79 (18): 5542-5546.

[48]   Dufosse, L., Galaup, P., Yaron, A., Arad, S. M. (2005) Microorganisms and
        microalgae as sources of pigments for food use: a scientific oddity or an
        industrial reality? Trends in Food Science & Technology. 16 (9): 389-406.

[49]   Baltes, W., Ed. (2000). Lebensmittelchemie. 5. Auflage. Springer Verlag:
        Berlin, Heidelberg.

[50]   Tevini, M., Häder, D. P., Ed. (1985). Allgemeine Photobiologie. Thieme
        Verlag: Stuttgart, New York.

[51]   Richter, G., Ed. (1998). Stoffwechselphysiologie der Pflanzen. Physiologie und
        Biochemie des Primär- und Sekundärstoffwechsels. 6. Auflage. Thieme
        Verlag: Stuttgart, New York.

[52]   Lichtenthaler, H., Pfister, K., Ed. (1978). Praktikum der Photosynthese.
        1.Auflage Quelle & Meyer: Heidelberg.

[53]   Campbell, N., A., Reece, J., B., Ed. (2003). Biologie. 6. Auflage. Spektrum
        Akademischer Verlag: Heidelberg, Berlin.

[54]   Masojídek, J., Koblízek, M., Torzillo, G. (2004) Photosynthesis in Microalgae.
        In Handbook of Microalgal Culture. Biotechnology and Applied Phycology.
        Richmond, A. (ed.). Blackwell Publishing: Oxford, Iowa, Victoria.

[55]   Heldt, H.-W. (2003) Pflanzenbiochemie, 3. Auflage. Spektrum Akademischer
        Verlag: Heidelberg, Berlin.

[56]   Wingler, A., Lea, P. J., Quick, W. P., Leegood, R. C. (2000) Photorespiration:
        metabolic pathways and their role in stress protection. Philosophical
        Transactions of the Royal Society of London. Series B: Biological Sciences.
        355: 1517-1529.

[57]   Mc Donald, M. S. (2003) Photcbiology of Higher Plants. John Wiley & Sons.

[58]   Osmond, C. B., Grace, S. C. (1995) Perspectives on photoinhibition and
        photorespiration in the field: quintessential inefficiencies of the light and dark
        reactions of photosynthesis? Journal of Experimental Botany. 46: 1351-1362.

[59]   Kozaki, A., Takeba, G. (1996) Photorespiration protects C3 plants from
        photooxidation. Nature. 384: 557-560.

[60]   Kopecký, J. (1997) Kinetic model of extracellular polysaccharide production by
        the unicellular red alga Porphyridium purpureum. Algological Studies. 87: 137-
        144.

[61]   Macler, B. A. (1986) Regulation of Carbon Flow by Nitrogen and Light in the
        Red Alga, Gelidium-Coulteri. Plant Physiology. 82 (1): 136-141.

[62]   Craigie, J. S., Mclachla.J, Tocher, R. D. (1968) Some Neutral Constituents of
        Rhodophyceae with Special Reference to Occurrence of Floridosides.
        Canadian Journal of Botany. 46 (5): 605-611.

[63]   Li, S. Y., Lellouche, J. P., Shabtai, Y., Arad, S. (2001) Fixed carbon
        partitioning in the red microalga Porphyridium sp (Rhodophyta). Journal of
        Phycology. 37 (2): 289-297.

[64]   Majak, W., Craigie, J. S., Mclachla.J (1966) Photosynthesis in Algae .I.
        Accumulation Products in Rhodophyceae. Canadian Journal of Botany. 44 (5):
        541-.

[65]   Pueschel, C. M. (1990) Cell Structure. In Biology of the Red Algae. Cole, K.,
        M., Sheath, R. G. (ed.). Cambridge University Press: Cambridge, New York,
        Port Chester, Melbourne, Sydney.

[66]   Ramus, J., Robins, D. M. (1975) Correlation of Golgi Activity and
        Polysaccharide Secretion in Porphyridium. Journal of Phycology. 11 (1): 70-
        74.

[67]   Kok, B. (1960) Efficiency of Photosynthesis. In Encyclopedia of Plant
        Physiology, vol. 5, part 1. Ruhland, W. (ed.). Springer Verlag: Berlin.

[68]   Kok, B. (1948) A critical consideration of the quantum yield of Chlorella
        photosynthesis. Enzymologia. 13: 1-56.

[69]   Benemann, J. R., Tillett, D. M., Weissman, J. C. (1987) Microalgae
        Biotechnology. Trends in Biotechnology. 5 (2): 47-53.

[70]   Oswald, W. J. (1978) The engineering aspects of microalgae. In CRC
        Handbook of Microbiology. Laskins, A. I. (ed.). CRC Press: Boca Raton,
        Florida.

[71]   Lee, Y. K. (2001) Microalgal mass culture systems and methods: Their
        limitation and potential. Journal of Applied Phycology. 13 (4): 307-315.

[72]   Pulz, O. (2001) Photobioreactors: production systems for phototrophic
        microorganisms. Applied Microbiology and Biotechnology. 57 (3): 287-293.

[73]   Csögör, Z. (2000) Untersuchungen zur Modellierung des Wachstums und der
        Produktbildung bei Mikroalgen. Dissertation. Universität Karlsruhe (TH).

[74]   Degen, J., Uebele, A., Retze, A., Schmid-Staiger, U., Trosch, W. (2001) A
        novel airlift photobioreactor with baffles for improved light utilization through
        the flashing light effect. Journal of Biotechnology. 92 (2): 89-94.

[75]   Erikson, R., Lee, Y. K. (1986) Process analysis and design of algal growth
        system. In Algal Biomass Technologies: An Interdisciplinary Prespective. .
        Barclay, W., R., McIntosh, R., P. (ed.). J. Cramer: Berlin, Stuttgart.

[76]   Perner-Nochta, I., Posten, C. (2007) Simulations of light intensity variation in
        photobioreactors. Journal of Biotechnology. 131 (3): 276-285.

[77]   Perner, I. (2003) Scale-Down von Photobioreaktoren. Dissertation. Universität
        Karlsruhe (TH).

[78]   Janssen, M., Slenders, P., Tramper, J., Mur, L. R., Wijffels, R. H. (2001)
        Photosynthetic efficiency of Dunaliella tertiolecta under short light/dark cycles.
        Enzyme and Microbial Technology. 29 (4-5): 298-305.

[79]   Phillips, J. N., Myers, J. (1954) Growth Rate of Chlorella in Flashing Light.
        Plant Physiology. 29 (2): 152-161.

[80]   Terry, K. L. (1986) Photosynthesis in Modulated Light - Quantitative
       Dependence of Photosynthetic Enhancement on Flashing Rate. Biotechnology
       and Bioengineering. 28 (7): 988-995.

[81]   Richmond, A. (2004) Biological Principles of Mass Cultivation. In Handbook of
       Microalgal Culture. Biotechnology and Applied Phycology. Richmond, A. (ed.).
       Blackwell Publishing: Oxford, Iowa, Victoria.

[82]   Pulz, O. (2007) Performance Summary Report. Evaluation of GreenFuel's 3D
       matrix Green Algae Growth Engineering Scale Unit.

[83]   Vogelmann, H. (1992) Skriptum zur Vorlesung Elektrotechnik für
       Maschinenbau- und Chemieimgemieure. Elektrotechnisches Institut der
       Universität Karlsruhe. 2. Auflage.

[84]   Schubert, E., F., Ed. (2003). Light emitting diodes Cambridge University
       Press: Cambridge, New York, Port Melbourne, Madrid, Cape Town

[85]   Schlosser, U. G. (1994) Sag - Sammlung von Algenkulturen at the University
       of Göttingen - Catalog of Strains 1994. Botanica Acta. 107 (3): 113-186.

[86]   Jones, R. F., Kury, W., Speer, H. L. (1963) Studies on Growth of Red Alga
       Porphyridium cruentum. Physiologia Plantarum. 16 (3): 636-643.

[87]   Ramus, J. (1977) Alcian Blue - Quantitative Aqueous Assay for Algal Acid and
       Sulfated Polysaccharides. Journal of Phycology. 13 (4): 345-348.

[88]   Dubois, M., Gilles, K. A., Hamilton, J. K., Rebers, P. A., Smith, F. (1956)
       Colorimetric Method for Determination of Sugars and Related Substances.
       Analytical Chemistry. 28 (3): 350-356.

[89]   Peterson, G. L. (1977) Simplification of Protein Assay Method of Lowry et al.
       which is more generally applicable. Analytical Biochemistry. 83 (2): 346-356.

[90]   Merchuk, J. C., Ronen, M., Giris, S., Arad, S. (1998) Light/dark cycles in the
       growth of the red microalga Porphyridium Sp. Biotechnology and
       Bioengineering. 59 (6): 705-713.

[91]   Cunningham, F. X., Vonshak, A., Gantt, E. (1992) Photoacclimation in the Red
       Alga Porphyridium cruentum - Changes in Photosynthetic Enzymes, Electron
       Carriers, and Light-Saturated Rate of Photosynthesis as a Function of
       Irradiance and Spectral Quality. Plant Physiology. 100 (3): 1142-1149.

[92]   Ley, A. C., Butler, W. L., Bryant, D. A., Glazer, A. N. (1977) Isolation and
       Function of Allophycocyanin-B of Porphyridium cruentum. Plant Physiology.
       59 (5): 974-980.

[93]   Iqbal, M., Zafar, S. I. (1983) Effects of photon flux density, CO2, aeration rate
       and inoculum density on growth and extracellular polysaccharid production by
       Porphyridium cruentum. Folia Microbiologica. 38: 509-514.

[94]   Rezanka, T., Doucha, J., Mares, P., Podojil, M. (1987) Effect of Cultivation
        Temperature and Light-Intensity on Fatty-Acid Production in the Red Alga
        Porphyridium cruentum. Journal of Basic Microbiology. 27 (5): 275-278.

[95]   Lee, Y. K., Tan, H. M. (1988) Effect of temperature, light intensity and dilution
        rate on the cellular composition of red alga Porphyridium cruentum in light-
        limited chemostats. Mircen Journal of Applied Microbiology and
        Biotechnology. 4: 231-237.

[96]   Minkova, K. M., Georgiev, D. I., Houbavenska, N. B. (1987) Light and
        Temperature-Dependence of Algal Biomass and Extracellular Polysaccharide
        Production from Porphyridium Cruentum. Dokladi Na Bolgarskata Akademiya
        Na Naukite. 40 (10): 87-89.

[97]   Vonshak, A., Cohen, Z., Richmond, A. (1985) The Feasibility of Mass
        Cultivation of Porphyridium. Biomass. 8 (1): 13-25.

[98]   Sharkey, T. D. (1989) Evaluating the Role of Rubisco Regulation in
        Photosynthesis of C-3 Plants. Philosophical Transactions of the Royal Society
        of London Series B-Biological Sciences. 323 435-448.

[99]   Kopecký, J., Doucha, J., Loest, K., Pulz, O. (1996) Photoadaptation to spectral
        quality on light in the red alga Porphyridium cruentum. Algological Studies. 81:
        53-67.

[100]   Blackman, F. F. (1905) Optima and limiting factors. Ann. Bot. 19: 281-295.

[101]   Jassby, A. D., Platt, T. (1976) Mathematical Formulation of Relationship
        between Photosynthesis and Light for Phytoplankton. Limnology and
        Oceanography. 21 (4): 540-547.

[102]   Vonshak, A., Torzillo, G. (2004) Environmental Stress Physiology. In
        Handbook of Microalgal Culture. Biotechnology and Applied Phycology.
        Richmond, A. (ed.). Blackwell Publishing: Oxford, Iowa, Victoria.

[103]   Geider, R. J., Osborne, B. A., Ed. (1992). Algal Photosynthesis. Chapman and
        Hall: New York, London.

[104]   Qiang, H., Richmond, A. (1996) Productivity and photosynthetic efficiency of
        Spirulina platensis as affected by light intensity, algal density and rate of
        mixing in a flat plate photobioreactor. Journal of Applied Phycology. 8 (2): 139-
        145.

[105]   Luo, H. P., Al-Dahhan, M. H. (2004) Analyzing and modeling of photobio-
        reactors by combining first principles of physiology and hydrodynamics.
        Biotechnology and Bioengineering. 85 (4): 382-393.

[106]   Yoshimoto, N., Sato, T., Kondo, Y. (2005) Dynamic discrete model of flashing
        light effect in photosynthesis of microalgae. Journal of Applied Phycology. 17
        (3): 207-214.

[107] Larkum, A. W. D., Barret, J. (1983) Light harvesting processes in algae. In Advances in Botanical Research. Vol 10. Woolhouse, H. W. (ed.). New York Academie.

[108] Levy, I., Gantt, E. (1988) Light Acclimation in Porphyridium purpureum (Rhodophyta): Growth, Photosynthesis and Phycobilisomes. Journal of Phycology. 24 (4): 452-458.

[109] Waaland, J. R., Waaland, S. D., Bates, G. (1974) Chloroplast Structure and Pigment Composition in Red Alga Griffithsia pacifica: Regulation by Light-Intensity. Journal of Phycology. 10 (2): 193-199.

[110] Rosenberg, G., Ramus, J. (1982) Ecological Growth Strategies in the Seaweeds Gracilaria foliifera (Rhodophyceae) and Ulva sp. (Chlorophyceae): Photosynthesis and Antenna Composition. Marine Ecology-Progress Series. 8 (3): 233-241.

[111] Richmond, A. (2004) Principles for attaining maximal microalgal productivity in photobioreactors: an overview. Hydrobiologia. 512 (1-3): 33-37.

[112] Janssen, M. (2002) Cultivation of Microalgae. Effect of L/D-Cycles on Biomass Yield. Thesis. Wageningen University.

[113] Richmond, A., Zhang, C. W., Zarmi, Y. (2003) Efficient use of strong light for high photosynthetic productivity: interrelationships between the optical path, the optimal population density and cell-growth inhibition. Biomolecular Engineering. 20 (4-6): 229-236

[114] Hu, Q., Kurano, N., Kawachi, M., Iwasaki, I., Miyachi, S. (1998) Ultrahigh-cell-density culture of a marine green alga Chlorococcum littorale in a flat-plate photobioreactor. Applied Microbiology and Biotechnology. 49 (6): 655-662.

[115] Grobbelaar, J. U., Nedbal, L., Tichy, V. (1996) Influence of high frequency light/dark fluctuations on photosynthetic characteristics of microalgae photoacclimated to different light intensities and implications for mass algal cultivation. Journal of Applied Phycology. 8 (4-5): 335-343.

[116] Lawlor, D. W., Ed. (1993). Photosynthetis 2nd Edition. Molecular, Physiological and Environmental Processes. Longman Scientific & Technical.

[117] Blankenship, R. E., Ed. (2002). Molecular Mechanisms of Photosynthesis. Blackwell Science.

[118] Sukenik, A., Bennett, J., Falkowski, P. (1987) Light-Saturated Photosynthesis - Limitation by Electron-Transport or Carbon Fixation. Biochimica Et Biophysica Acta. 891 (3): 205-215.

[119] Kirk, J. T. O., Ed. (1994). Light & Photosynthesis in Aquatic Ecosystems. Second Edition. Cambridge University Press: Cambridge, New York, Melbourne.

[120] Dietz, K. J., Heber, U. (1986) Light and CO2 Limitation of Photosynthesis and States of the Reactions Regenerating Ribulose 1,5-Bisphosphate or Reducing 3-Phosphoglycerate. Biochimica Et Biophysica Acta. 848 (3): 392-401.

[121] Internetseite Somicon AG. www.somicon.com/download/CINC_Deutsch.pdf.

[122] Rahse, W., Carduck, F. J. (1985) Microfiltration of Fermentation Broths. Chemie Ingenieur Technik. 57 (9): 747-753.

[123] Chmiel, H. (1993) Integration of Membrane Separation Processes in Continuous Bioprocesses. Chemie Ingenieur Technik. 65 (7): 848-852.

[124] Le, M. S., Billigheimer, P. J. (1985) Membranes in Downstream Processing. Chemical Engineer-London. 7/8: 48-53.

[125] Ghosh, R., Ed. (2003). Protein bioseparation using ultrafiltration: Theory, application and new developments. Imperial College Press: London.

[126] Internetseite GE Healthcare. www.gehealthcare.com.

[127] Internetseite Pall GmbH Filtrationsystems. http://www.filtraguide.com/en/330/ext/100478/pall_gmbh/index.html.

[128] Internetseite GEA Filtration. http://www.geafiltration.com/index.asp.

[129] Sobczuk, T. M., Camacho, F. G., Grima, E. M., Chisti, Y. (2006) Effects of agitation on the microalgae Phaeodactylum tricornutum and Porphyridium cruentum. Bioprocess and Biosystems Engineering. 28 (4): 243-250.

[130] Gudin, C., Chaumont, D. (1991) Cell Fragility - the Key Problem of Microalgae Mass-Production in Closed Photobioreactors. Bioresource Technology. 38 (2-3): 145-151.

[131] Deniaud, E., Fleurence, J., Lahaye, M. (2003) Interactions of the mix-linked beta-(1,3)/beta-(1,4)-D-xylans in the cell walls of Palmaria palmata (Rhodophyta). Journal of Phycology. 39 (1): 74-82.

[132] Hoagland, K. D., Rosowski, J. R., Gretz, M. R., Roemer, S. C. (1993) Diatom Extracellular Polymeric Substances: Function, Fine-Structure, Chemistry and Physiology. Journal of Phycology. 29 (5): 537-566.

[133] Ben Jacob, E., Becker, I., Shapira, Y., Levine, H. (2004) Bacterial linguistic communication and social intelligence. Trends in Microbiology. 12 (8): 366-372.

[134] Bassler, B. L. (1999) How bacteria talk to each other: regulation of gene expression by quorum sensing. Current Opinion in Microbiology. 2 (6): 582-587.

[135] Bassler, B. L. (2002) Small talk: Cell-to-cell communication in bacteria. Cell. 109 (4): 421-424.

[136] Boontham, P., Chandran, P., Robins, A., Camara, M., Rowlands, B., Eremin, O. (2004) Quorum sensing molecules (QSMs) modulate cell-mediated immunity (CMI) in vitro and in vivo. Shock. 21: 34-34.

[137] Defoirdt, T., Boon, N., Bossier, P., Verstraete, W. (2004) Disruption of bacterial quorum sensing: an unexplored strategy to fight infections in aquaculture. Aquaculture. 240: 69-88.

[138] Bauer, W. D., Teplitski, M. (2001) Can plants manipulate bacterial quorum sensing? Australian Journal of Plant Physiology. 28 (9): 913-921.

[139] Bauer, W. D., Mathesius, U. (2004) Plant responses to bacterial quorum sensing signals. Current Opinion in Plant Biology. 7 (4): 429-433.

[140] Teplitski, M., Chen, H. C., Rajamani, S., Gao, M. S., Merighi, M., Sayre, R. T., Robinson, J. B., Rolfe, B. G., Bauer, W. D. (2004) Chlamydomonas reinhardtii secretes compounds that mimic bacterial signals and interfere with quorum sensing regulation in bacteria. Plant Physiology. 134 (1): 137-146.

[141] Potin, P., Bouarab, K., Salaun, J. P., Pohnert, G., Kloareg, B. (2002) Biotic interactions of marine algae. Current Opinion in Plant Biology. 5 (4): 308-317.

[142] Johnson, M. R., Montero, C. I., Conners, S. B., Shockley, K. R., Bridger, S. L., Kelly, R. M. (2005) Population density-dependent regulation of exopolysaccharide formation in the hyperthermophilic bacterium Thermotoga maritima. Molecular Microbiology. 55 (3): 664-674.

8 Anhang

Anhang A

A1 Zusammensetzung des synthetischen Meerwassermediums (ASW-Medium) nach Jones et al., 1963

Pro Liter VE(voll entsalzendes)-Wasser werden

Salz	Masse	Mol	
NaCl	27	0,4615	NaCl
$MgSO_4 \cdot 7\ H_2O$	6,6	0,0268	$MgSO_4$
$MgCl_2 \cdot 6\ H_2O$	5,6	0,0276	$MgCl_2$
$CaCl_2 \cdot 2\ H_2O$	1,5	0,0102	$CaCl_2$
KNO_3	1,0	0,0099	KNO_3
KH_2PO_4	0,07	0,0005	KH_2PO_4
$NaHCO_3$	0,04	0,00048	$NaHCO_3$
Tris-HCl	3,152	0,02	Tris-HCl

aufgelöst, der pH wird auf 7,6 mit 4 M NaOH eingestellt und je 1 mL der Spuren-elementelösung und der Eisenlösung werden dazugegeben.

Tabelle A1.1. Spurenelemente ösung für das ASW-Medium

$ZnCl_2$	40 mg/L
H_3Bo_3	600 mg/L
$CoCl_2$	15 mg/L
$CuCl_2$	40 mg/L
$MnCl_2$	400 mg/L
$(NH_4)_6Mo_7O_{24} \cdot 4\ H_2O$	370 mg/L

Tabelle A1.2 Eisen-Lösung für das ASW-Medium

$FeCl_3 \cdot 4\,H_2O$	2400 mg/L
Titriplex® III	1861 mg/L

A2 Zusammensetzung der Nährböden für den Steriltest

Tabelle A2.1. Nährboden für Bakterien

Pepton	15 g/L
Hefeextrakt	3 g/L
Glucose	1 g/L
NaCl	6 g/L
Agar-Agar	12 g/L

Tabelle A2.2. Nährboden für Pilze

Malzextrakt	20 g/L
Glucose	20 g/L
Pepton	1 g/L
Agar-Agar	15 g/L

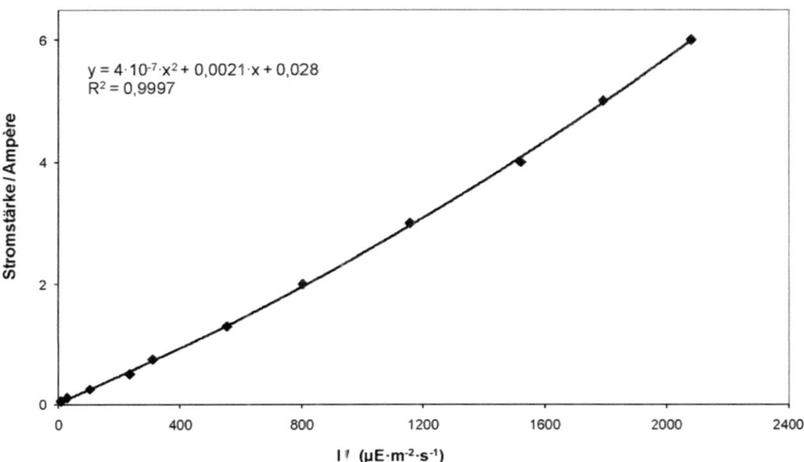

Bild A1. Zusammenhang zwischen die Stromstärke und der Photonenflussdichte des warm-weißen LEDs. Die Messungen wurden an der Innenseite der Reaktorwand durchgeführt.

A3 Kalibrierkurven für die Bestimmung der Polysaccharidkonzentration

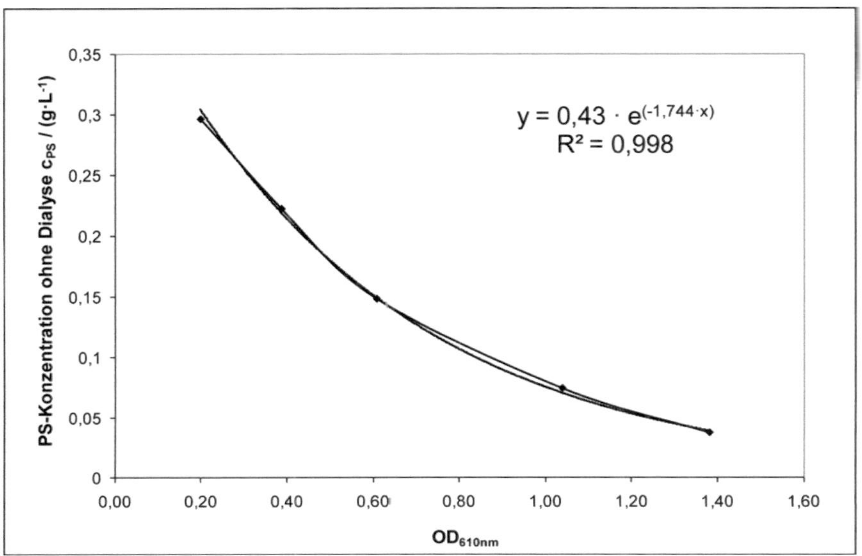

Bild A3.1. Zusammenhang zwischen der Absorption bei 610 nm (OD$_{610nm}$) und der Konzentration an Polysaccharide in ASW-Medium, die mittels TOC-Messungen bestimmt wurde.

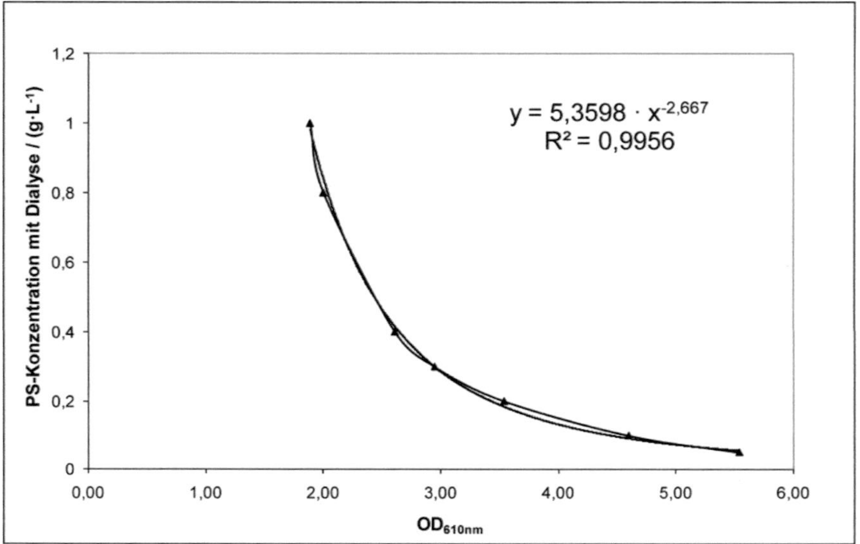

Bild A3.2. Zusammenhang zwischen der Absorption bei 610 nm (OD$_{610nm}$) und der Konzentration an dialysierte Polysaccharide, die ebenfalls mit TOC-Messungen bestimmt wurde.

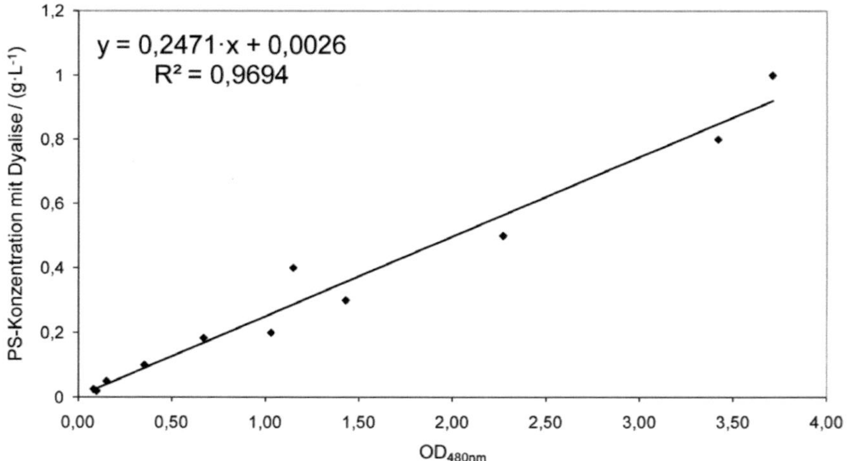

Bild A3.3. Zusammenhang zwischen der Absorption bei 480 nm (OD$_{480nm}$) und der Konzentration an dialysierte Polysaccharide, die mit TOC-Messungen bestimmt wurde.

A4 Bestimmung der Proteinkonzentration

<u>Puffer A Zusammensetzung</u>

Puffer A besteht aus 0,1 mM Pefabloc-Proteaseinhibitor, gelöst in 0,1 M Tris-HCl-Lösung. Der pH-Wert wird mit NaOH auf pH 8 eingestellt.

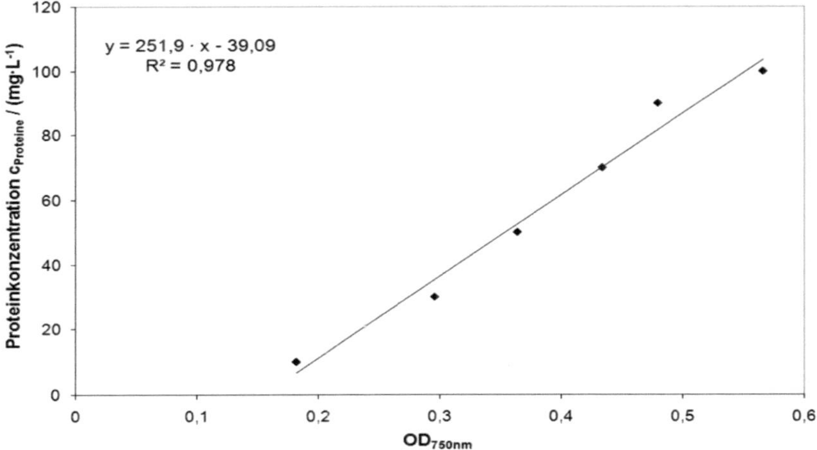

Bild A4. Kalibriergerade für die Bestimmung der intrazellulären Proteinkonzentration mittels der Lowry-Methode

Anhang B

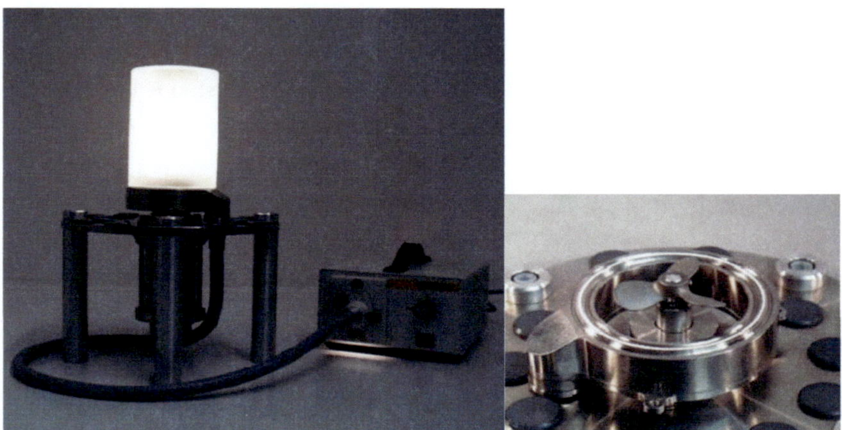

Bild B1. Fotos der Bestrahlungseinrichtung des alten Reaktors. Rechts: das Licht aus der Lichtquelle von Polytec wird durch den Lichtleiter im Innenraum des Reaktors und durch den angerauten Glaskörper in der Höhe verteilt. Links: Foto des Ringlichtes auf dem der Glaskörper sitzt.

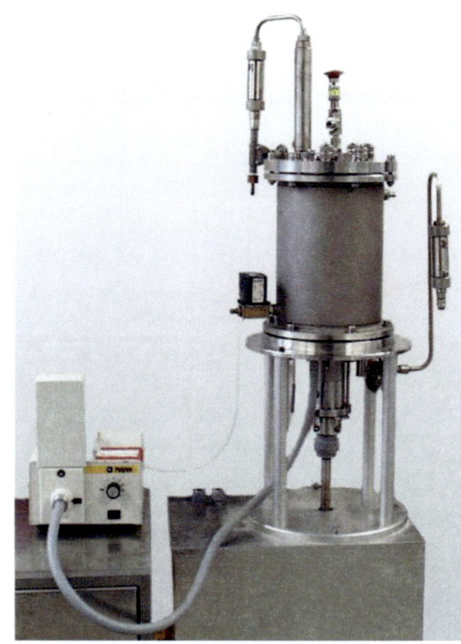

Bild B2. Foto des alten Photobioreaktors mit interner Beleuchtung.

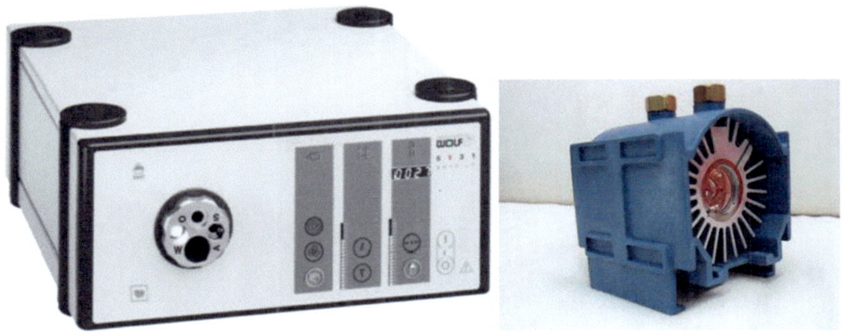

Bild B3 Foto des Hochleistungslicht-Projektor der Firma Richard Wolf (Links) mit einer 300 Watt Kurzbogen Xenonlampe eingebaut in einem parabolischer Reflektor, der das Licht parallelisiert (Rechts).

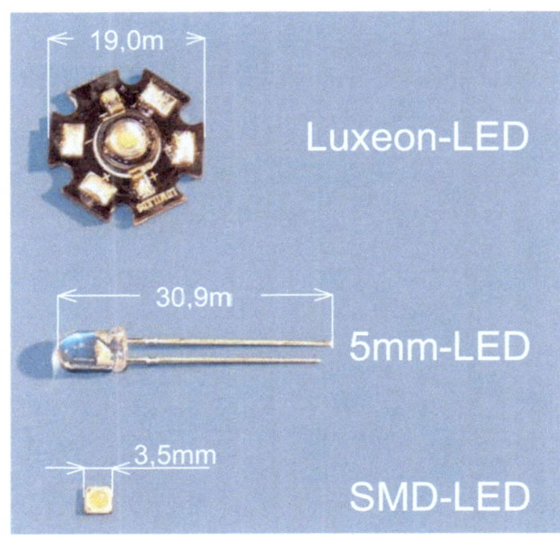

Bild B4. Hochleistungs-LED „Luxeon". Wärme, die bei dieser LED durch den höheren Strom entsteht, wird über ein Kühlblech an der Rückseite des Chips abgeleitet. Bedrahtete Standard-LED. Die Anschlussdrähte der bedrahteten LED werden durch eine Leiterplatte gesteckt, und auf der Rückseite der Platine verlötet. SMD-LEDs (surface mounted device). LEDs dieser Bauform besitzen an der Rückseite flache Lötflächen und werden direkt auf die Oberfläche der Leiterplatte gelötet. Die SMD-LED's haben deutlich kleinere Abmessungen (wenige Millimeter) und eignen sich daher für hohe Packungsdichten.

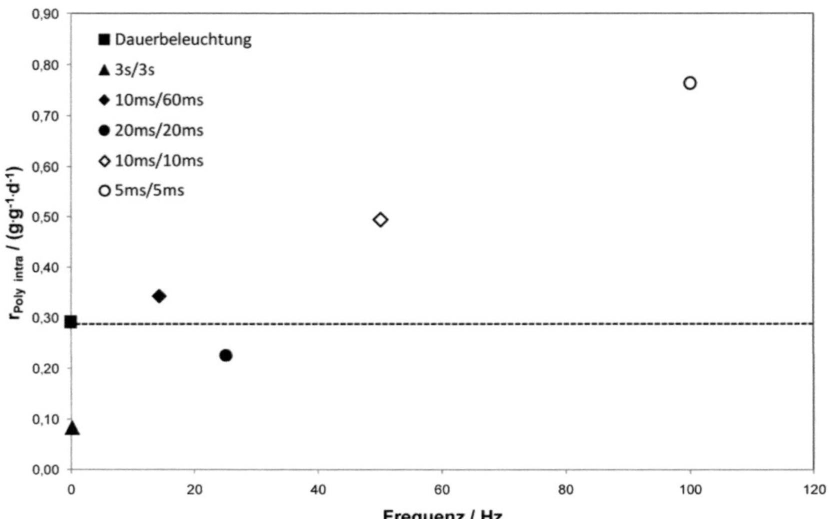

Bild B5. Verlauf der spezifischen Bildungsrate der intrazellulär Polysaccharide im Turbidostat-Betrieb unter Dauerbeleuchtung im Starklicht (0 Hz, 270 $\mu E \cdot m^{-2} \cdot s^{-1}$) und unter Hell/Dunkel-Zyklen mit zunehmender Frequenz von 0,167 Hz bis 100 Hz.

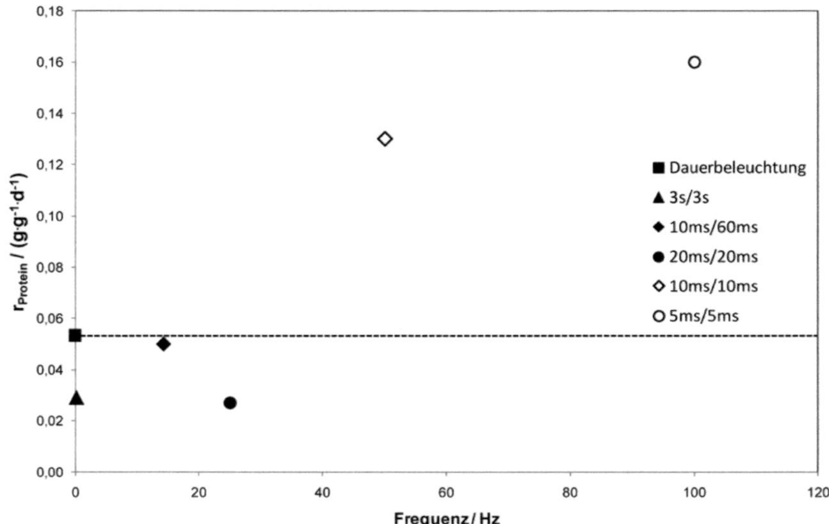

Bild B6. Verlauf der spezifischen Bildungsrate intrazelluläre Proteine im Turbidostat-Betrieb unter Dauerbeleuchtung im Starklicht (0 Hz, 270 $\mu E \cdot m^{-2} \cdot s^{-1}$) und unter Hell/Dunkel-Zyklen mit zunehmender Frequenz von 0,167 Hz bis 100 Hz.

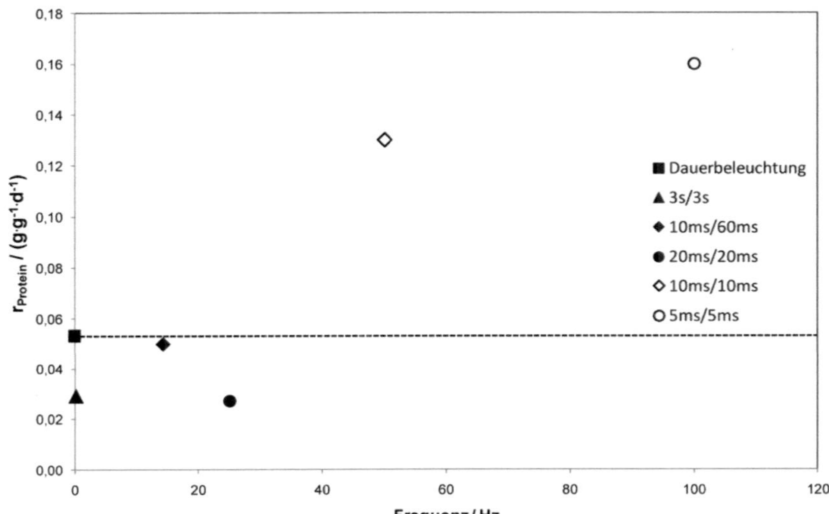

Bild B7. Verlauf der spezifischen Bildungsrate des Pigments Chlorophyll,a im Turbidostat–Betrieb unter Dauerbeleuchtung im Starklicht (0 Hz, 270 $\mu E \cdot m^{-2} \cdot s^{-1}$) und unter Hell/Dunkel–Zyklen mit zunehmender Frequenz von 0,167 Hz bis 100 Hz.

Berrechnung der notwendige Filtrationsfläche für die 3 µm Versapor Membran im selbsthergestelltes Modul.

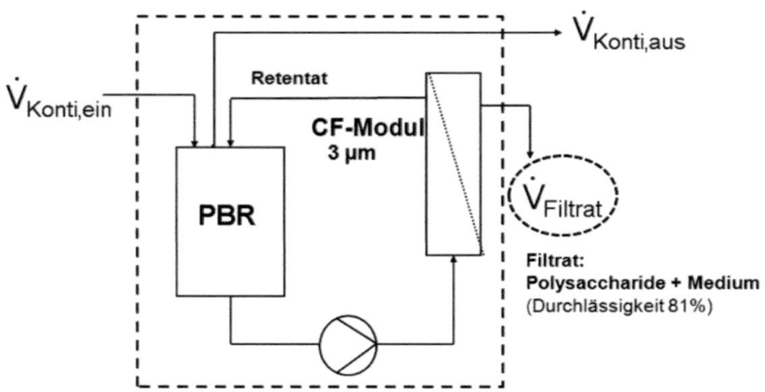

Bild B8: Bilanzraum für die Bestimmung von $\dot{V}_{Filtrat}$.

Aus der Massenbilanz für die frei gelöste Polysaccharide im Bilanzraum aus Bild C8 folgt:

$$\frac{dc_{PS,R}(t)}{dt} = -c_{PS,R}(t) \cdot \frac{\dot{V}_{konti}}{V_R} - c_{PS,F}(t) \cdot \frac{\dot{V}_{Filtrat}}{V_R} + r_{PS} \cdot c_x$$

V_R = Reaktorvolumen [L] = 1,65

$\dot{V}_{konti}$ = Volumenstrom für den Turbidostat – Betrieb = 1,1 L·d^{-1}

$\dot{V}_{Filtrat}$ = Filtratvolumenstrom (gesuchte Größe)

$c_{PS,R}(t)$ = Konzentration an Polysaccharide im Reaktor [g·L^{-1}]

$c_{PS,R}(t = 0h)$ = 0,021 g·L^{-1}

$c_{PS,R}(t = 2h)$ = 0,0105 g·L^{-1}

$c_{PS,F}(t)$ = Konzentration an Polysaccharide im Filtrat [g·L^{-1}]

D = Durchlässigkeit der Membran für Polysaccharide = 0,81

$c_{PS,F}(t) = c_{PS,R}(t) \cdot D$

r_{PS} = spezifische Polysaccharidbildungsrate [g·g^{-1}·d^{-1}] = 0,7

c_x = Biotrockenmassekonzentration im Reaktor [g·L^{-1}] = 0,2

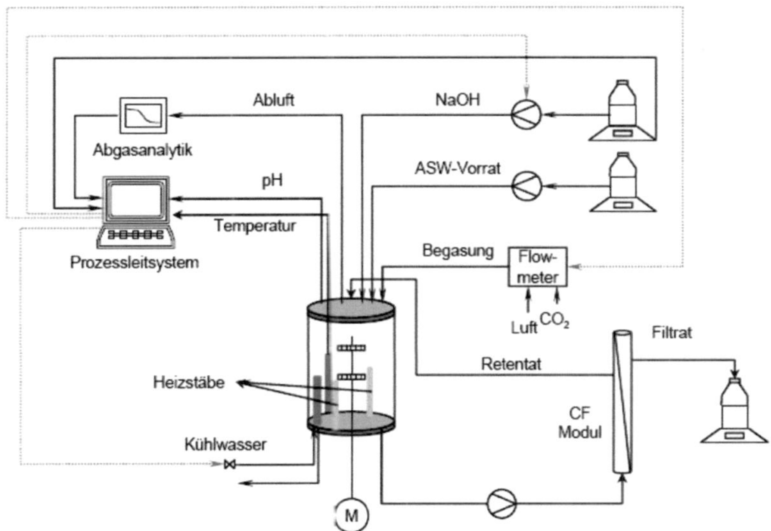

Bild B9. Schematische Darstellung des Photobioreaktors BE-1 der Firma Bioengineering mit Peripherie. Die Sonden für die pH- und Temperatur-Messung waren im Prozessleitsystem eingeschlossen. Die Pumpe für die Zugabe an NaOH (falls nötig auch HCl) und das Kühlwasserventil wurden beim Abweichung des Soll-Werts für pH (7,6) und Temperatur (20°C) vom Prozessleitsystem gesteuert. Der Querstromfiltrationsmodul (CF Modul) wurde im Reaktor angeschlossen. Das gewonnene Filtrat wurde in einer Flasche unter sterilen Bedingungen gesammelt. Der Filtratfluss konnte auch vom Prozessleitsystem aufgenommen werden. Die Zugabe an frisches Medium (ASW-Vorrat) wurde für den Chemostat-Betrieb manuell eingestellt.

Tabelle B1. Spezifischer Bildungsraten von Phycoerythrin während definierte Zeitintervalle im Batch vor und nach der Zugabe an ASW-Medium und Überstand mit steril gewonnenen und autoklavierten zelleigenen Polysaccharide.

Probe	r_{PE} / $(g·g^{-1}·d^{-1})$			
	Vor Zugabe		**Nach der Zugabe**	
	1.-3. Tag	**4.-7. Tag**	**7.-10. Tag**	**11.-14. Tag**
K1 PS$_{steril}$	0,0588	0,0518	0,0407	0,0243
K2 PS$_{steril}$	0,0556	0,0535	-	-
K3 PS$_{autoklaviert}$	0,0533	0,0508	0,0452	0,0238
K4 PS$_{autoklaviert}$	0,0621	0,0430	0,0400	0,0281
K5 ASW	0,0554	0,0438	0,0403	0,0350
K6 ASW	0,0557	0,0404	0,0397	0,0286

Tabelle B2. Spezifischer Bildungsraten von Chlorophyll a während definierte Zeitintervalle im Batch vor und nach der Zugabe an ASW-Medium und Überstand mit steril gewonnene und autoklavierte zelleigene Polysaccharide.

Probe	$r_{Chl\,a}$ / $(g \cdot g^{-1} \cdot d^{-1})$			
	Vor Zugabe		Nach der Zugabe	
	1.-3. Tag	4.-7. Tag	7.-10. Tag	11.-14. Tag
K1 PS$_{steril}$	0,003	0,003	0,002	0,001
K2 PS$_{steril}$	0,003	0,003	-	-
K3 PS$_{autoklaviert}$	0,003	0,003	0,002	0,001
K4 PS$_{autoklaviert}$	0,003	0,002	0,002	0,001
K5 ASW	0,003	0,002	0,002	0,002
K6 ASW	0,004	0,003	0,002	0,002

Tabelle B3. Spezifischer Bildungsraten von Phycoerythrin und Chlorophyll a vor und nach der Zugabe von Filtrat aus 0,1 µm Membran: K1 und K2; Filtrat aus 1,2 µm Membran: K3 und K4; unfiltrierter Überstand: K5 und K6.

Probe	r_{PE} $(g \cdot g^{-1} \cdot d^{-1})$	$r_{Chl\,a}$ $(g \cdot g^{-1} \cdot d^{-1})$	r_{PE} $(g \cdot g^{-1} \cdot d^{-1})$	$r_{Chl\,a}$ $(g \cdot g^{-1} \cdot d^{-1})$
	Vor Zugabe		Nach der Zugabe	
K1 P$_{0,1µm}$	0,06975	0,00304	0,04017	0,00178
K2 P$_{0,1µm}$	0,06838	0,00308	0,03887	0,00201
K3 P$_{1,2µm}$	0,07255	0,00311	0,04273	0,00191
K4 P$_{1,2µm}$	0,07259	0,00303	0,04238	0,00187
K5 ÜS	0,07131	0,00246	0,04449	0,00196
K6 ÜS	0,07020	0,00301	0,03986	0,00184